解説1　線　電気製図 p.18～19　電子製図 p.18～19

線は図面を表すための重要な構成要素である。明りょうな線を引くことを身につけることがたいせつである。

●線の形と太さ

線の基本形は、図1のような4種類である。

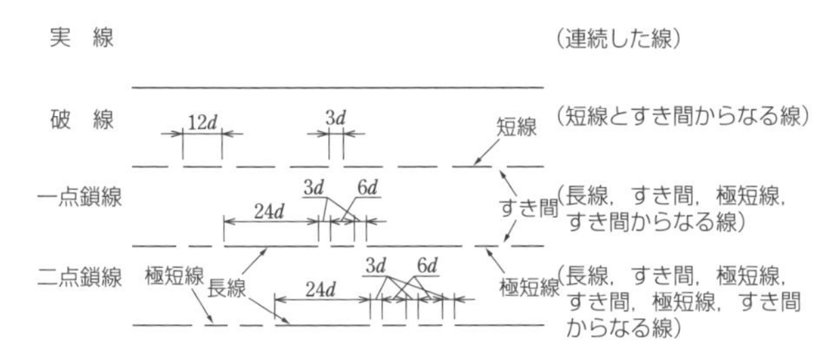

図1　線の基本形と線の要素の長さ

線の要素には、長線、短線、極短線、点、すき間がある。

線の太さの比は、図2のような3種類である。

	太さの比
細　線	1
太　線	2
極太線	4

図2　線の太さの比

線の太さdは、0.13，0.18，0.25，0.35，0.5，0.7，1，1.4，2mmと規定されている。

主な線は用途によって、その種類と太さを組み合わせて、図3のように用いる。

線の種類と形		用途による名称
太い実線	――――――	外形線
細い実線	――――――	寸法線・寸法補助線・引出線・参照線・中心線など
細い破線または太い破線	- - - - - - - -	かくれ線
細い一点鎖線	――・――・――	中心線・基準線・ピッチ線
細い二点鎖線	――・・――・・――	想像線・重心線など

図3　主な線の種類と用途

●線を引くときの注意

製図は、用紙の種類や線の太さによって、鉛筆、丸芯ホルダ、シャープペンシルなどを用いる。以下は、線をかくときの注意である。

① 線は、太い線と細い線の区別がはっきりするように引く。そのためシャープペンシル・鉛筆の芯の太さが1：2となるよう2種類用意する。

② 線は、太さ、濃さにむらがでないように引く。

③ 線と線を接続したり、交差させたりする際は、規則に従って引くように注意する。（図4参照）

④ 円弧と直線を接続する際は、円弧から引き、直線を円弧にあわせる方が線の接続のずれが防ぎやすい。

⑤ 線を引く際、垂直線は下から上へ、水平線は左から右へ引くと、比較的に均質な線を引くことができる。

⑥ コンパスで円をかくとき、力が入りにくいのでコンパスを傾けてかくことが多い。このとき線の太さが変わったり、円の大きさが変わったりするので注意する。

⑦ 細い線は、シャープペンシルの芯も細くなる。弱く引いてしまうと線が薄くなるので注意する。

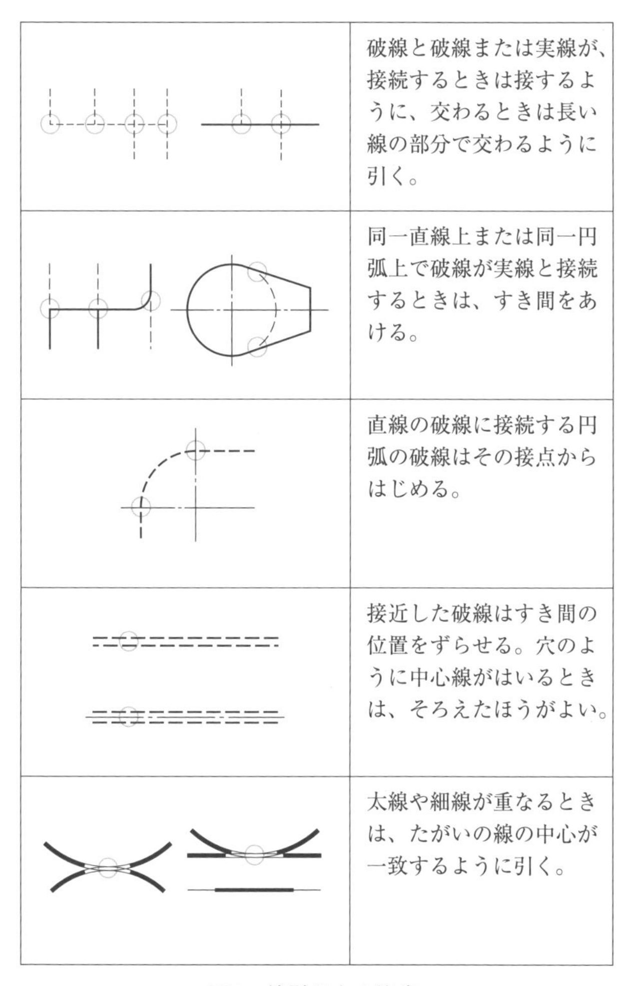

図4　線引き上の注意

101 直　線（1）

（　　年　　月　　日）

科	年	組	番	名前	

太い実線

細い実線

細い一点鎖線

細い破線

102 直　線（2）

（　　年　　月　　日）

科	年	組	番	名前	

太い実線
細い実線
細い一点鎖線
細い破線

103 円 弧

（ 年 月 日 ）

科 年 組 番	名前	

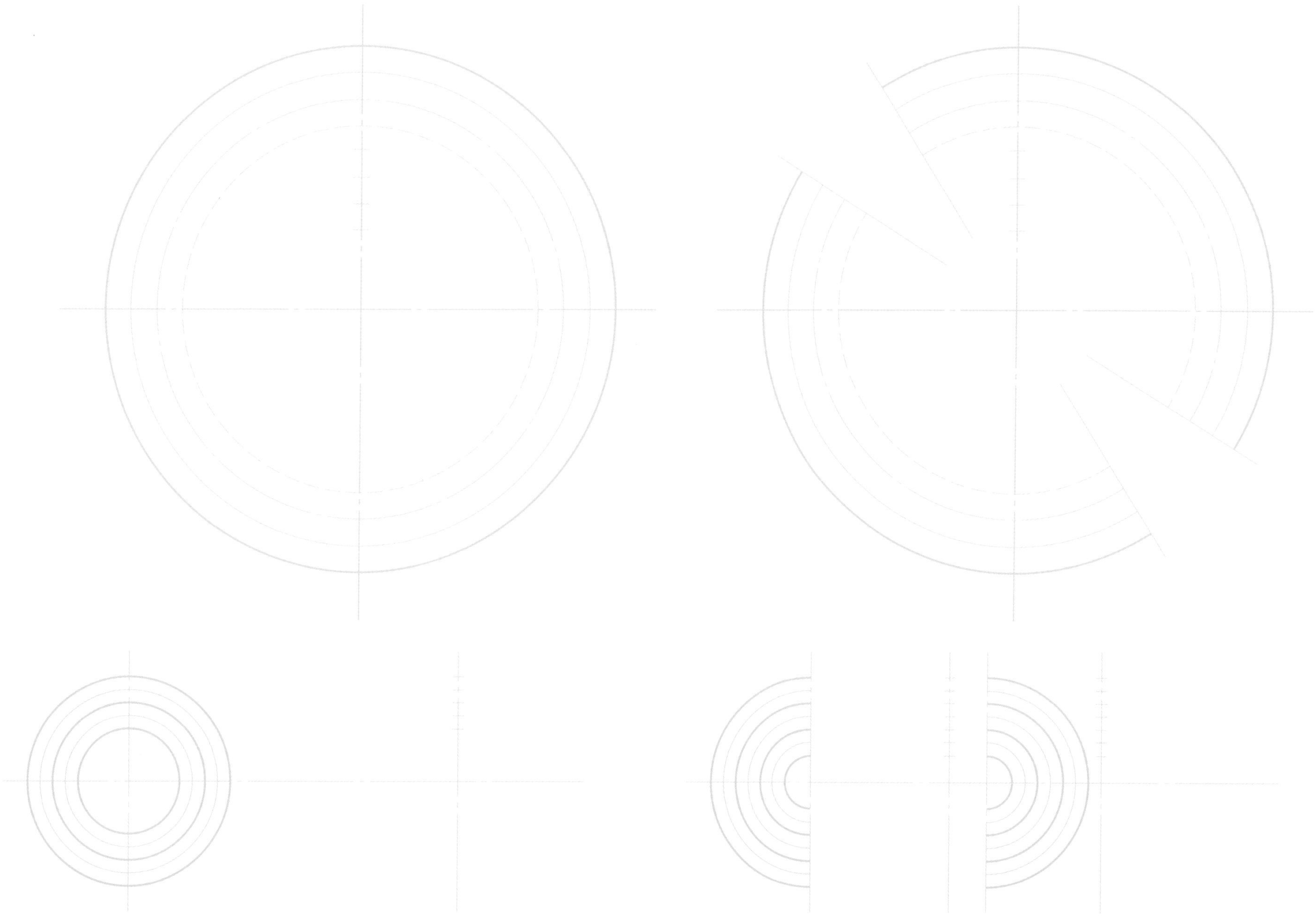

解説２　文字と各種の記号

1　文　字　電気製図 p.20～22　電子製図 p.20～22

製図に用いる文字の種類は、ラテン文字・数字・漢字・かななどがある。図面には、図形のほかに寸法が記入されたり、注記がかかれたりする。図形は線でかかれ、寸法や注記は、文字や記号によってかかれる。文字や数字は、図面にとって非常に重要なものである。そのため、図面を利用する人の見誤りを防がなければならず、くせのない一般性のある表示をしなければならない。

文字や記号の表し方は、JISに規格が示されているので図面に用いられる文字や記号の種類や文字高さをくり返し練習することによって身につけてほしい。

●文字をかくときの注意

(1) 文字をかくとき、鉛筆、丸芯ホルダ、シャープペンシルなどを用いるが、芯のかたさは、HBやHなど自分にあったものを選ぶとよい。

(2) 文字は、普通図形をかいたあと、最後の段階でかくことになる。図面の文字は、縦向きだったり、横向きだったりまちまちである。このとき製図板に図面をはりつけたままでかいてもよいが、横向きの文字は、そのままだとかきにくいため、図面を製図板からはずし、かきやすい向きにおいてかくなど工夫してほしい。

●文字の種類

(1) **ラテン文字・数字**　ラテン文字と数字の書体には、図１のように、A形とB形があり、それぞれに直立体と斜体がある。斜体は、文字を垂線に対して右に15°(水平から75°) 傾ける。

同一図面では、それらを混用してはならない。

この練習ノートでは、A形斜体文字で練習する。

01234567789IVX　*01234567789IVX*

A形直立体文字の例　A形斜体文字の例

01234567789IVX　*01234567789IVX*

B形直立体文字の例　B形斜体文字の例

図1　文字書体の種類

(2) **漢字**　漢字やかなは直立体でかき、常用漢字表にあるものを用いる。16画以上の漢字は、複写のとき判読しにくくなるのでできる限りかたかなとする。

(3) **かな**　かなは、かたかなまたはひらがなのいずれかを用い、一連の図面で混用しない。外来語はかたかなを用いる。

●文字の大きさ

文字高さは、文字の外側の輪郭が収まる基準枠の高さ h の呼びによって表される。

(1) **ラテン文字と数字**　ラテン文字と数字は、図２のように、文字高さの呼びhに収まるようにかく。また、ラテン文字の小文字は、文字の高さを図３のような比率でかくとよい。

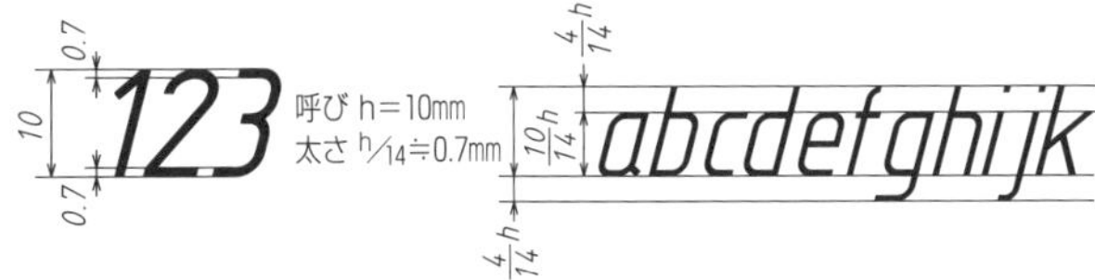

図2　文字高さの例（呼びh＝10mmの場合）

図3　ラテン文字の小文字の文字高さの比率

(2) **漢字・かな**　漢字、かなは、図４のように、呼びhの基準枠の中に収まるようにかく。

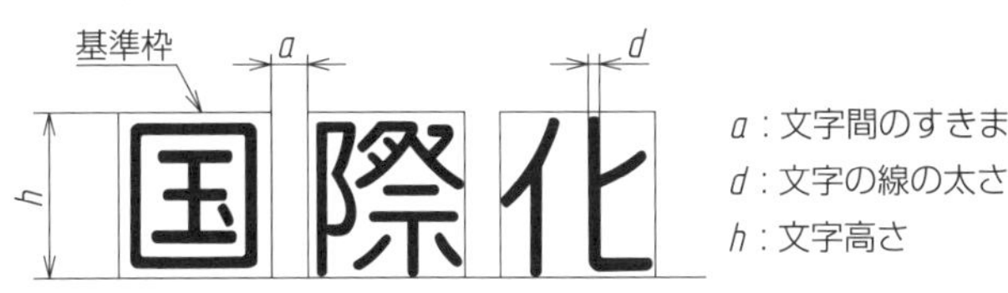

図4　文字の線の太さ、文字高さと文字間のすきま

(3) **文字高さの呼びhの種類**

・ラテン文字、数字の文字高さの呼びh

2.5,　3.5,　5,　7,　10,　14,　20mm

・漢字の文字高さの呼びh

3.5,　5,　7,　10,　14,　20mm

・かなの文字高さの呼びh

2.5,　3.5,　5,　7,　10mm

ただし、特に必要な場合は、この限りではない。

漢字の3.5mm、ラテン文字・数字の2.5mmは、複写の方式によっては、判読しにくくなるのでなるべく使わない方がよい。

●文字の線の太さ

文字の線の太さは、文字の高さの呼びhによって決められる。

ラテン文字・数字	(1/14)h(A形)、(1/10)h(B形)
漢字	(1/14)h
かな	(1/10)h

文字をかくとき、漢字の文字高さを7mmでかくとすると、他の文字は5mmの文字高さでかくと読みやすい。このとき文字の線の太さは、漢字が7×1/14＝0.5mm、かなは5×1/10＝0.5mmで同じ太さになる。

2　各種の記号　電気製図 p.48～54, p.65～66　電子製図 p.48～54, p.65～66

この練習ノートでは、寸法補助記号・材料記号・角度の表示、その他の記号を取り上げた。

表１ 寸法補助記号

記号	呼び方	意味
ø	まる　ふぁい	直径
Sø	えすまる　えすふぁい	球の直径
□	かく	正方形の辺
R	あーる	半径
CR	しーあーる	コントロール半径
SR	えすあーる	球の半径
⌒	えんこ	円弧の長さ
C	しー	45°の面取り
∧	えんすい	円すい（台）状の面取り
t	てぃー	厚さ
⌴	ざぐり　ふかざぐり	ざぐり　深ざぐり
∨	さらざぐり	皿ざぐり
↧	あなふかさ	穴深さ

201 数 字

（　年　月　日）

科	年	組	番	名前	

75°

h

1 2 3 4 5 6 7 8 9 0

10mm

1 1　3 3　5 5　7 7　9 9

2 2　4 4　6 6　8 8　0 0

1 2 3 4 5 6 7 8 9 0

7mm

1 2 3 4 5 6 7 8 9 0

5mm

1 2 3 4 5 6 7 8 9 0

3.5mm

1 2 3 4 5 6 7 8 9 0

202 ラテン文字（大文字）

（　　年　　月　　日）

科	年	組	番	名前	

10mm

h

ABCDEFGHIJKLMNOPQRSTUVWXYZ

7mm

ABCDEFGHIJKLMNOPQRSTUVWXYZ

5mm

ABCDEFGHIJKLMNOPQRSTUVWXYZ

3.5mm

JIS ISO IEC

DIAGRAM VOLTAGE

FREQUENCY RAM

INTEGRATED CIRCUIT

203 ラテン文字(小文字)

(年 月 日) 科 年 組 番 名前

10mm h

a b c d e f g h i j k l m n o p q r s t u v w x y z

a f k p u
b g l q v
c h m r w
d i n s x
e j o t y
z

7mm

a b c d e f g h i j k l m n o p q r s t u v w x y z

5mm

a b c d e f g h i j k l m n o p q r s t u v w x y z

3.5mm

technical drawing

Japanese Industrial

standards basic

third angle projection

204 各種の記号・その他

（　年　月　日）　科　年　組　番　名前

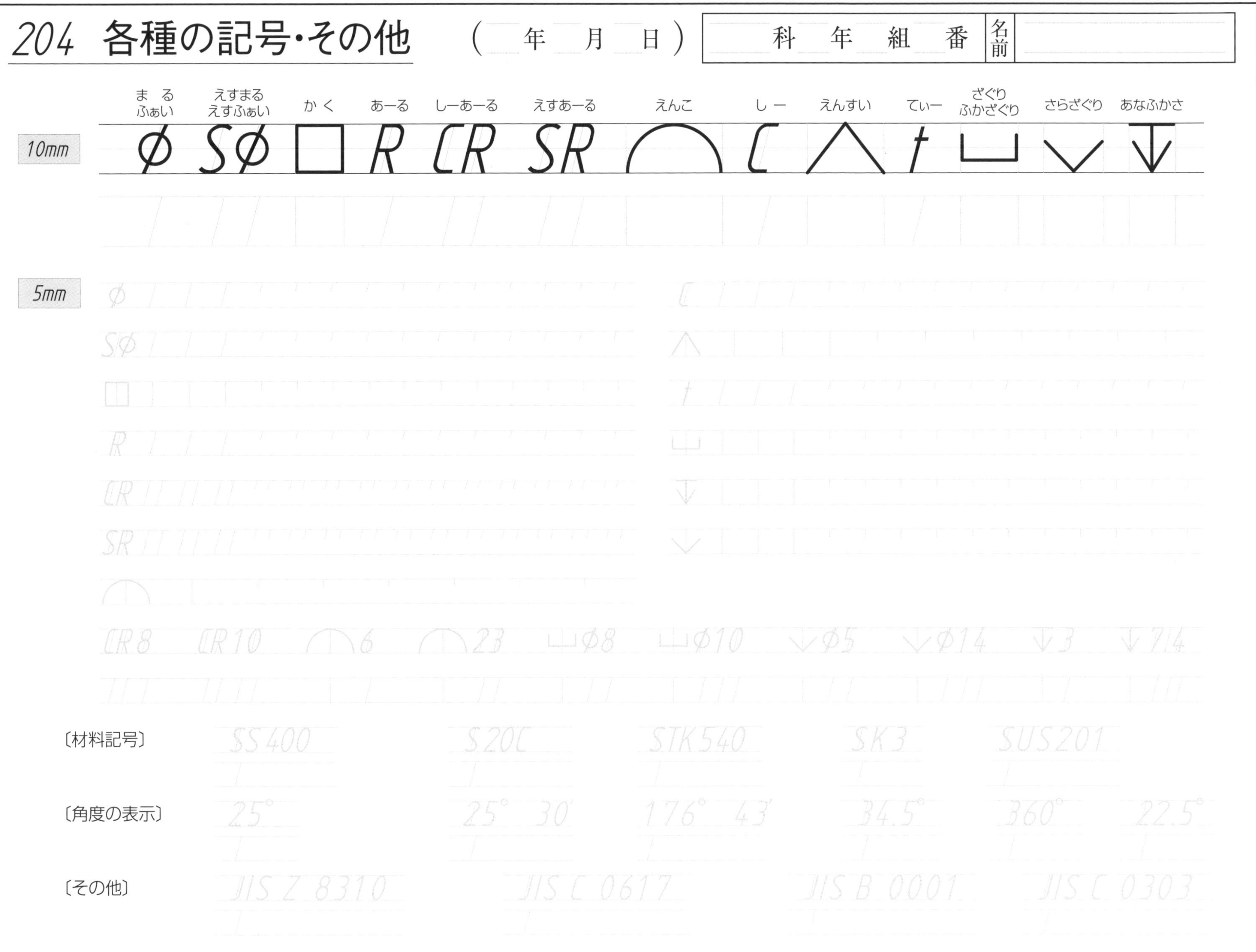

205 漢字・総合

（　年　月　日）　科　年　組　番　名前

10mm

製図規格電気電子記号投影尺度寸法

7mm

加工　配線　部品組立　表題欄　材料　軸継手　平歯車

端子　計装　変電　鉄心　電線　三相誘導電動機　動力

変圧器　接続図　分岐回路　弱電　火災報知設備　単線

5mm

Vプーリ　プリント配線板　キュービクル式高圧受電設備　三次元CAD

インバータ装置　シーケンス制御　Y-Δ始動装置　グリッド　動作説明書

尺度　1：1　2：1　十字穴付きなべ小ねじ　Tr10×2　座金　C2600P

単相3線　AC200V　風力発電設備　内線規定　TR 2SC1815　600Ω　IV2

解説 3　平面図形

電気製図 p.23～26
電子製図 p.23～26

製図用具を用いて図形を幾何学的に表す方法は、製図の基礎知識であり、製図を学ぶ上でたいせつである。

●線分の等分

(1)線分ABの２等分

① A、Bを中心に、直線ABの長さの$\frac{1}{2}$より大きい任意の半径の円弧をかき、その交点をC、Dとする。

② CDとABの交点MがABを２等分する点である。

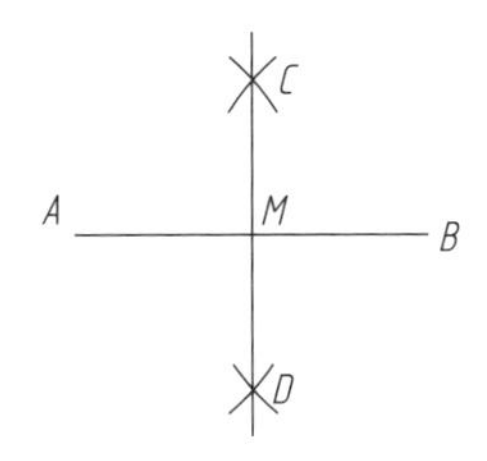

図1　線分ABの2等分

(2)線分ABの５等分

① Aより任意の直線ACを引く。AC上に等間隔に　1、2、3、4、5をとる。

② 5とBを直線で結ぶ。

③ 1、2、3、4の各点から5Bに平行な直線を引く。ABとの交点1′、2′、3′、4′がABを５等分する点である。

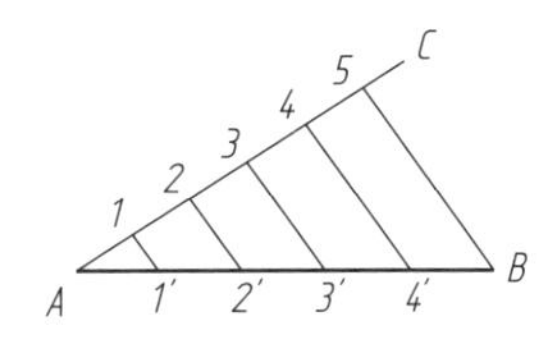

図2　線分ABの5等分

●角の等分

(1)角の２等分

① ∠AOBの頂点Oを中心に、任意の半径で円弧CDをかく。

② C、Dを中心に、CD間の距離の$\frac{1}{2}$より大きい任意の半径で円弧を引き、その交点をPとする。線OPは∠AOBを２等分する。

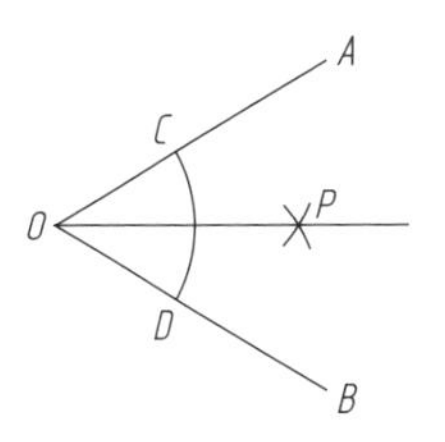

図3　角の2等分

(2)直角の３等分

① Oを中心に任意の半径で円弧をかき、AO、BOの交点をC、Dとする。

② 同じ半径でC、Dを中心に、前にかいた円弧上に交点E、Fを求める。OE、OFは直角を３等分する。

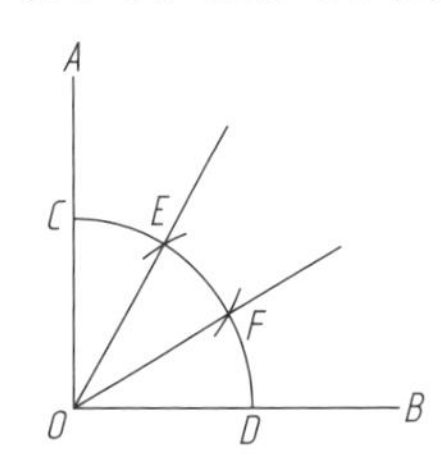

図4　直角の3等分

●六角形のかき方

(1)一辺ABの長さが与えられたとき

① A、Bを中心として、与えられた一辺が半径の円弧をかき、その交点をOとする。

② 同じ半径でOを中心として円Oをかく。

③ 円周との交点A、Bから円Oと同じ半径で円周を分割すると円周は６等分され、各交点を結ぶと正六角形となる。

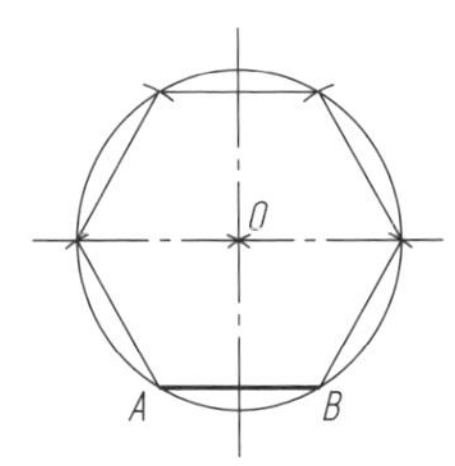

図5　六角形のかき方①

(2)対角寸法が与えられたとき（ボルト・ナットの頭をかくとき）

① 対角寸法の1/2の半径の円をかく。

② その円周を前の方法と同じようにして、円周を6等分する。各交点を結ぶと正六角形となる。

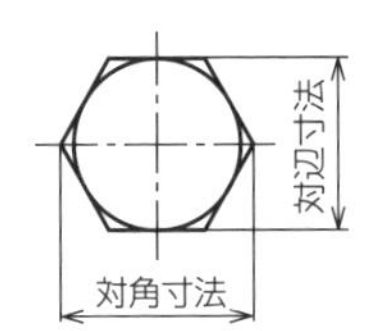

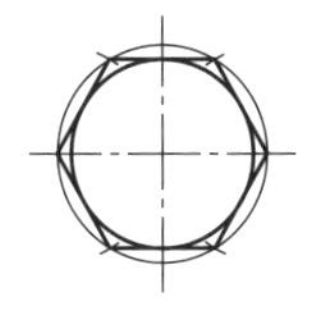

図6　六角形のかき方②

●三角関数曲線

三角関数曲線には、図７のように正弦曲線と余弦曲線がある。これらの図のかきかたは、以下のようにする。

①円Oの円周および線分JKをn等分する（図７では、24等分）。

②円Oの等分点を1′、2′、3′、4′…、JKの等分点を1″、2″、3″、4″…とする。

③点1′から線分ABに平行な線を引き、1″からの垂線との交点1を求める。

④同じようにして、交点2、3、4…を求め、これらの点を滑らかに結ぶと正弦曲線ができる。

⑤正弦曲線と余弦曲線は形が同じであるが、波形の位相が90°ずれている。

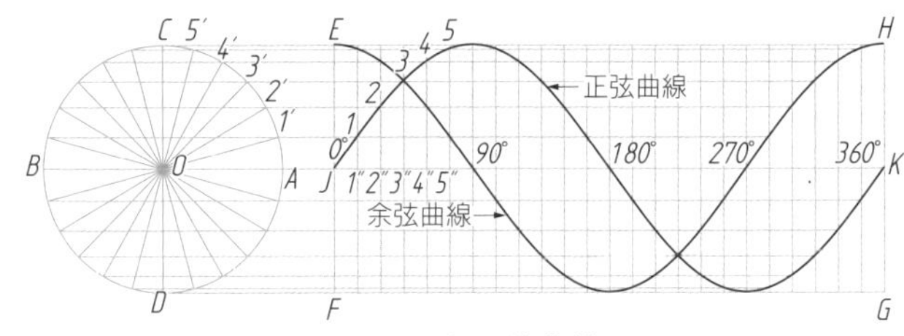

図7　三角関数曲線

301 平面図形

（　　年　　月　　日）　科　年　組　番　名前

〔線分ＡＢの2等分〕

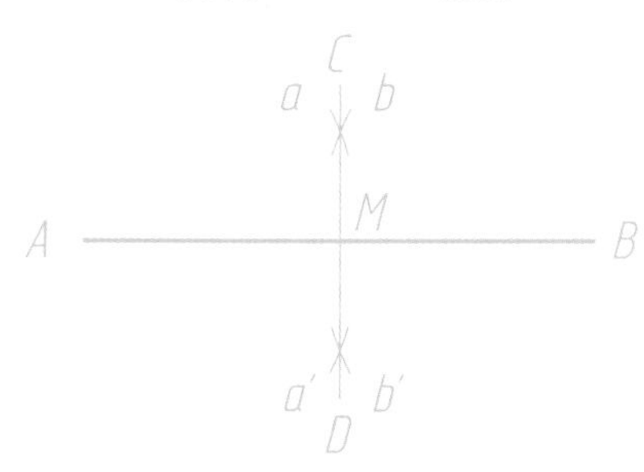

A　B

〔線分ABの5等分〕

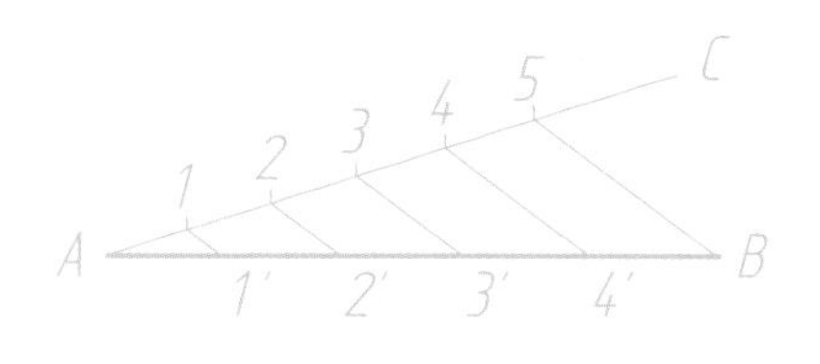

A　B

〔角の2等分〕

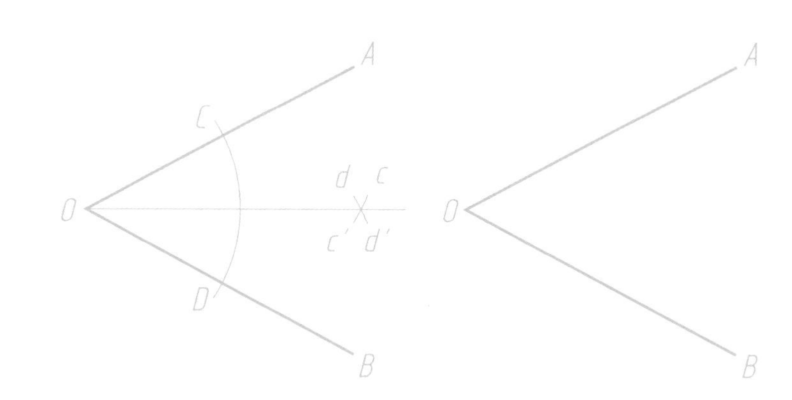

〔直角の3等分〕

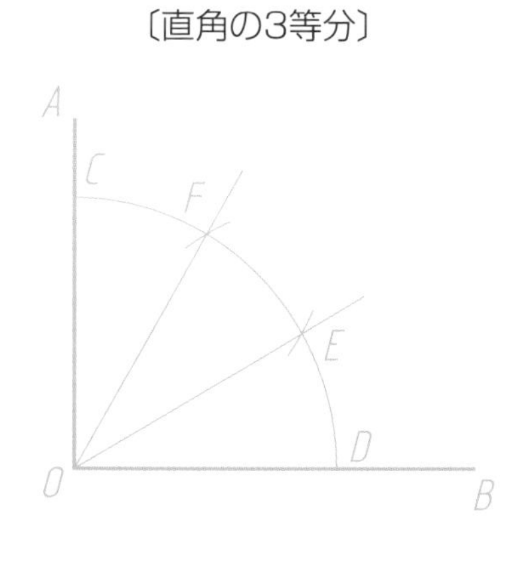

〔一辺ABの長さが与えられたときの正六角形〕

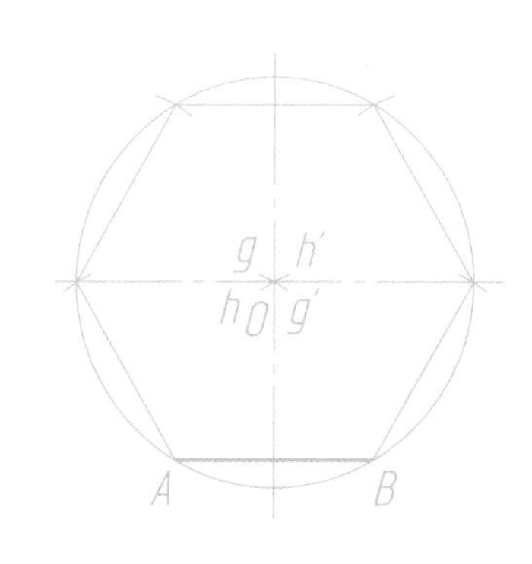

A　B

〔対角寸法ABの長さが与えられたときの正六角形〕

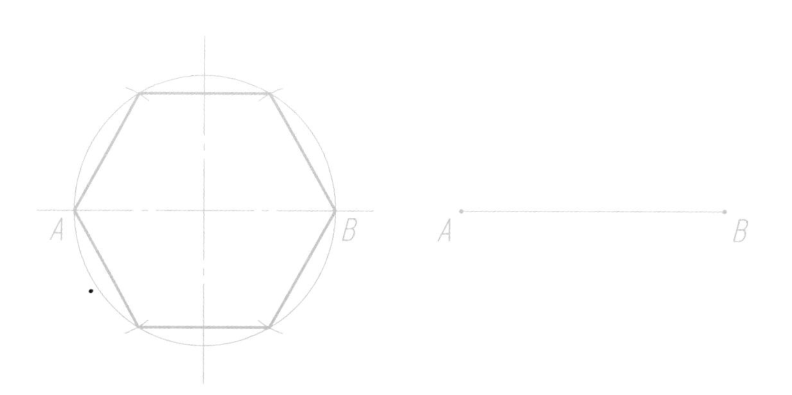

302 正弦曲線・余弦曲線（　年　月　日）

科	年	組	番	名前	

正弦曲線と余弦曲線をかきなさい。

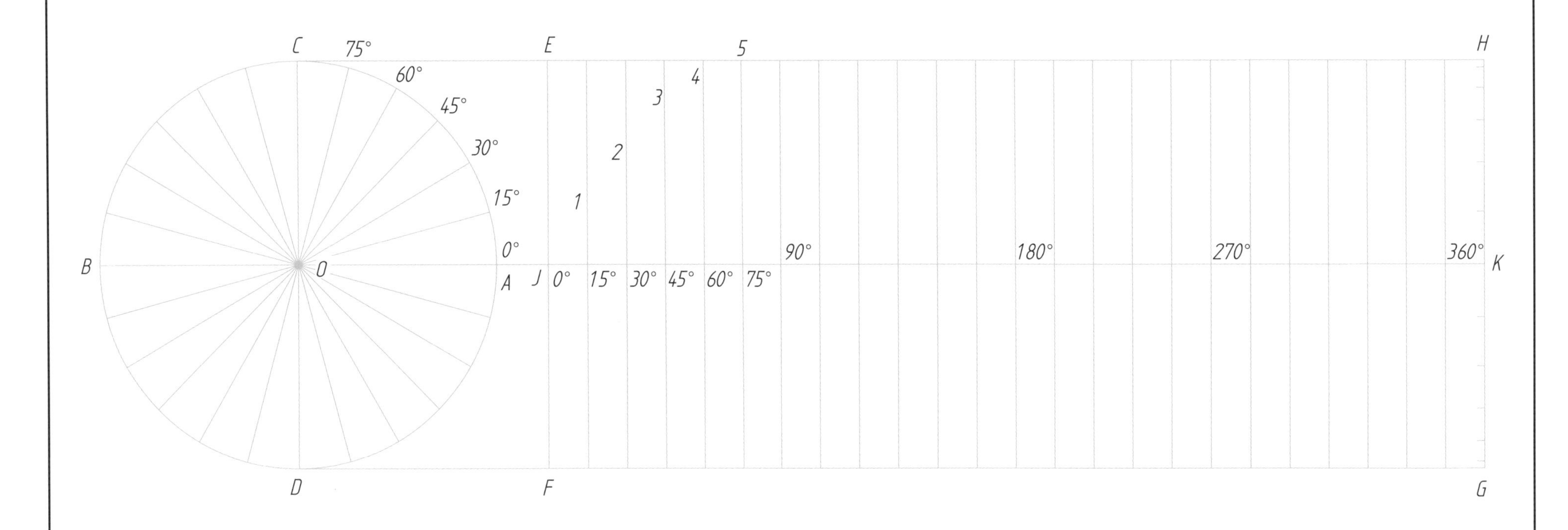

正弦曲線のかき方

① 円*O*の円周および*JK*の等分点をそれぞれ*15°*, *30°*, *45°*, …… とする。

② 円の*15°*から*AB*に平行な線を引き，*JK*上の*15°*の垂線との交点*1*を求める。同じようにして，*2*, *3*, *4*, …… を求め，これらの点を滑らかに結ぶ。

注　正弦曲線と余弦曲線は形が同じであるが，波形の位相が*90°*ずれている。

解説4　第三角法・等角図・寸法記入

1　第三角法　電気製図 p.29～30　電子製図 p.29～30

三次元の立体を二次元の平面に図形として表す方法を投影法という。製図では正投影図によって図面を表し、第三角法によってかくことになっている。

第三角法は、対象物を図1の第三角に置いて投影面に正投影して表す方法である。

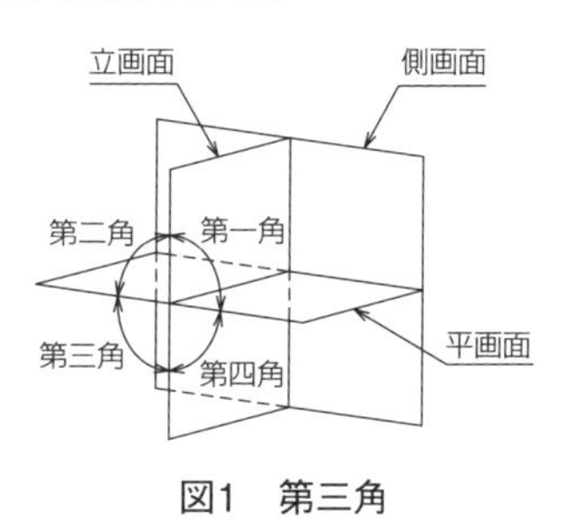

図1　第三角

対象物の形・機能を最も明りょうに表す面を主投影図（正面図）という。主投影図を補足する他の投影図は、できるだけ少なくし、主投影図だけで表せるものは他の投影図はかかない。図の配置は、なるべくかくれ線を用いなくてすむようにする。

●図の配置

第三角法は、正面図（a）を基準とし、他の投影図は図2のように配置する。

また、その場合には図3のような、第三角法の記号を図面の表題欄またはその近くに示す。

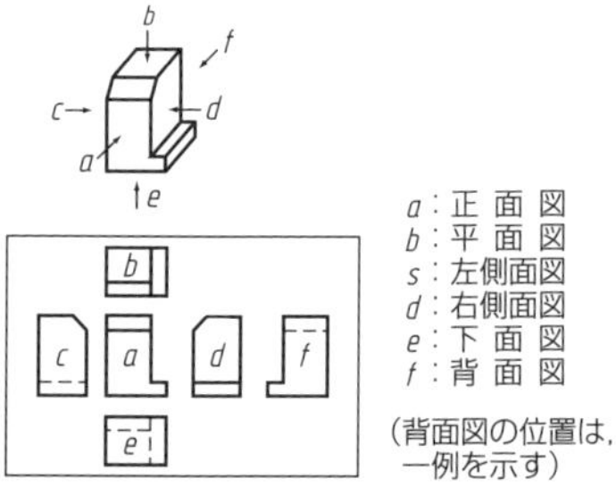

図2　第三角法

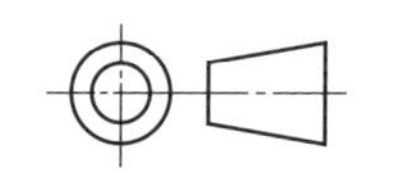

図3　第三角法の記号

2　等角図　電気製図 p.30～32　電子製図 p.30～32

等角投影は、３本の座標軸からなり、各投影面が互いになす角度が等しく、立体の3面を同じように表せる特徴をもっている。等角図は、各軸方向の長さを実長と等しくかいたものである。

実際の形状のように見える等角投影による図は、実長×0.82の寸法でかいたものである。これは品物を傾けた状態でかくと、実際の長さより縮まって見えるからである。（角度の関係から縮み率が0.82になる。）

●等角図の表し方

① 図4のように、斜方眼紙上の基準となる座標軸の位置を決め、等角な座標軸を決める。

② 図形の目盛りの数（大きさ）を読み、その目盛りと同じ数を斜方眼紙上に取る。

③ 座標軸に平行になるように線を引き、図形をかく。

④ 余分な線を消し、図形を完成させる。

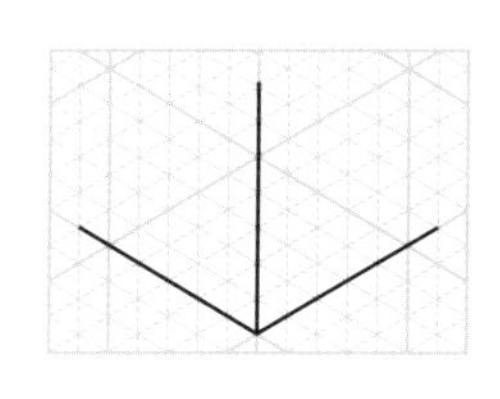

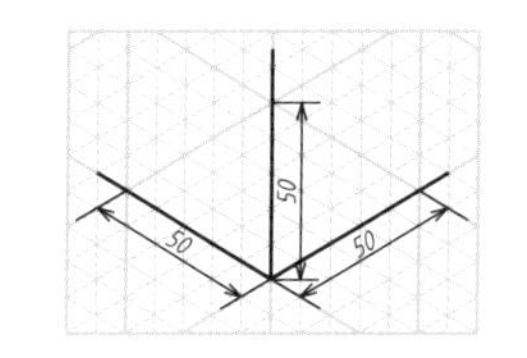

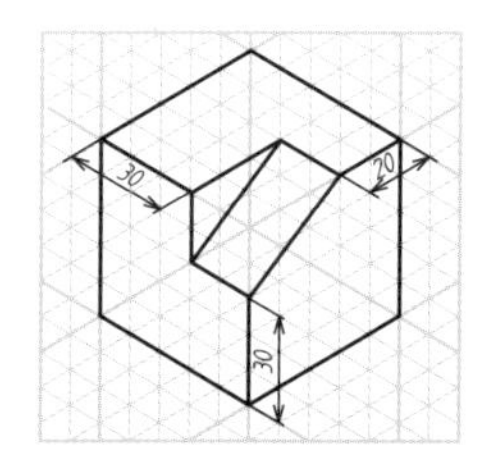

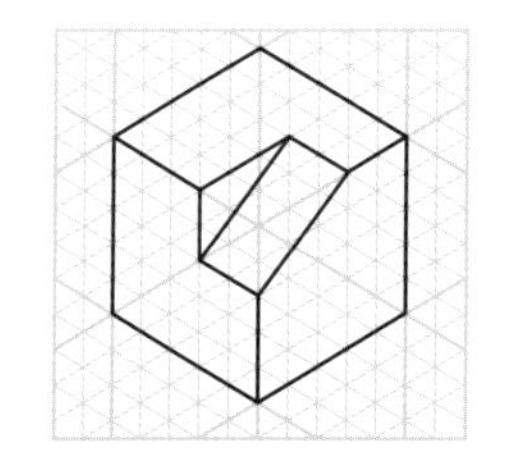

図4　等角図のかき方

3　寸法の記入　電気製図 p.46～54　電子製図 p.46～54

寸法には、大きさ寸法・位置寸法・角度寸法などがある。大きさ寸法や位置寸法などの長さ寸法は、原則として、単位はミリメートルで、単位記号のmmはつけない。

●寸法記入の方法

① 必要な寸法を明りょうに指示する。

② 必要で十分な寸法を記入する。

③ 機能上必要な寸法（製作に必要な寸法）は、必ず記入する。

④ 寸法線、寸法補助線、寸法補助記号などを用い寸法数値によって示す。

⑤ なるべく主投影図に集中する。

⑥ 計算して求める必要のないように記入する。

⑦ 工程ごとに配列をわけて記入する。

⑧ 関連するものはなるべく一か所にまとめて記入する。

⑨ 重複記入をさける。

⑩ 機能上必要な場合、寸法の許容限界を指示する。

⑪ 参考寸法には（　）をつける。

⑫ 寸法数値は、水平方向の寸法線に対しては図面の下辺から、垂直方向の寸法線に対しては図面の右辺から読めるように指示する。

●寸法の表示

図5は、寸法の表示法の例である。

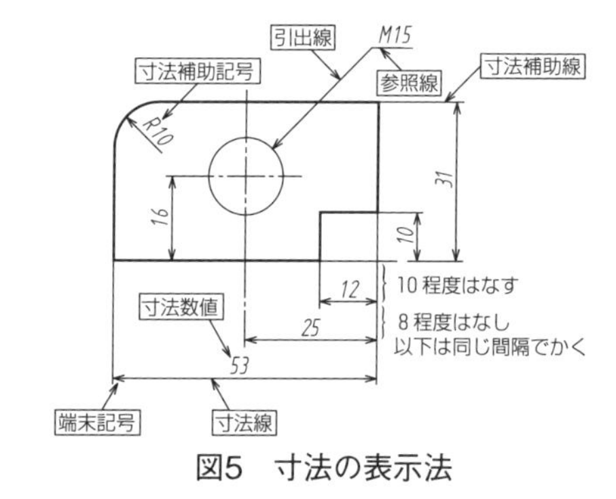

図5　寸法の表示法

(1)端末記号のかき方

図6は、製図で用いられる端末記号の例である。(a)の矢の開きは30°や90°が規定されているが、一般的には30°でかくことが多い。(b)の黒丸は、寸法線の端を中心として、塗りつぶした小さな円とする。(c)の斜線の角度は、45°である。(d)の塗りつぶしの角度は、30°である。ただし、同一図面ではこれらを混用しない。

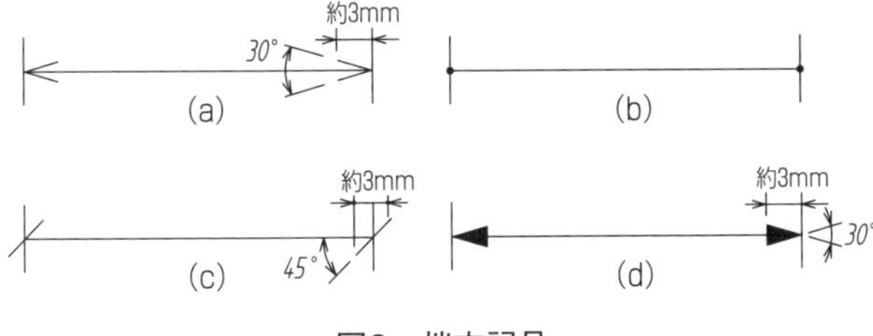

図6　端末記号

(2) 寸法補助線の引き方

①　寸法補助線は寸法線と垂直に、図7(a)のように、図形上の点または線の中心を通り、寸法線を1～2mm越えるまで延長する。

②　特に必要な場合は、寸法線に対して、適当な角度をもつ互いに平行な寸法補助線を引くことができる。この角度は、図7(b)のように、60°がよい。

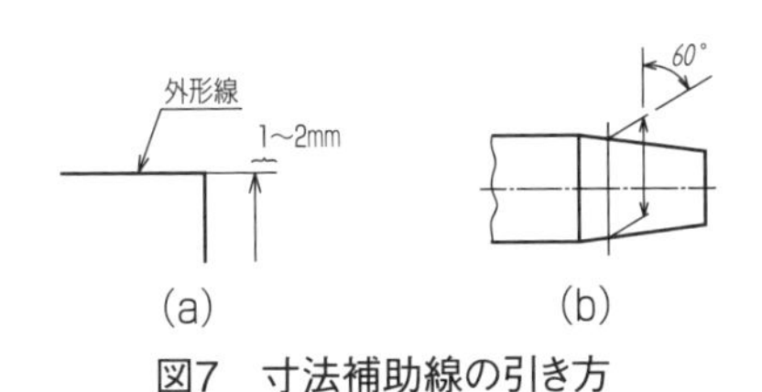

図7　寸法補助線の引き方

(3) 寸法線・参照線による記入

寸法数値や注記などを記入するために用いる引出線・参照線は図8のように、形状を表す線から斜めに引き出し、引き出す側に矢印をつける。

参照線は引出線につなぐ水平または垂直な直線をいう。

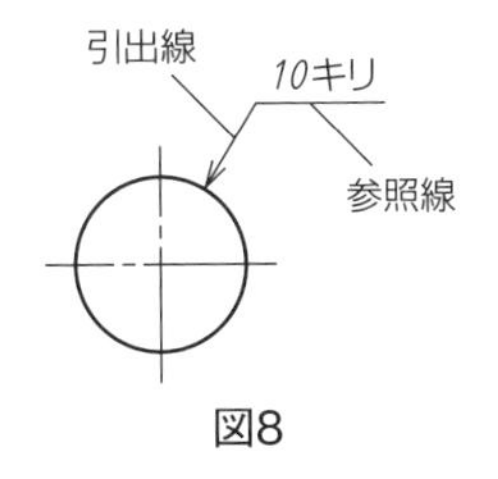

図8

(4) 記入上の注意

①　狭いところでの寸法記入は、部分拡大図を用いて記入するか、図9の例のように、引出線と参照線を用いて記入する。このとき、引出線の引き出す側には、何もつけない。

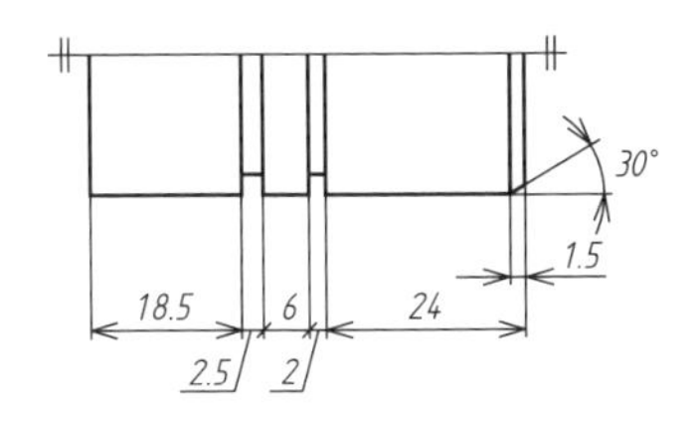

図9　狭い場所での寸法記入

②　図10のように、対称な図形で片側だけを表した図では、寸法線は中心を越えて、適切な長さに延長する。

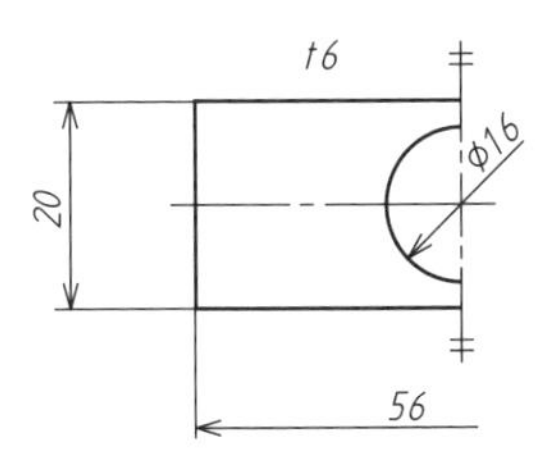

図10　対象図形の寸法記入

③　面取りは、通常の寸法記入によって表す。ただし、45°の面取りは、図11 (a)(b)のように、面取り記号*C*を用いたり、寸法数値×45°で表す。その寸法は、(c)のようにとる。

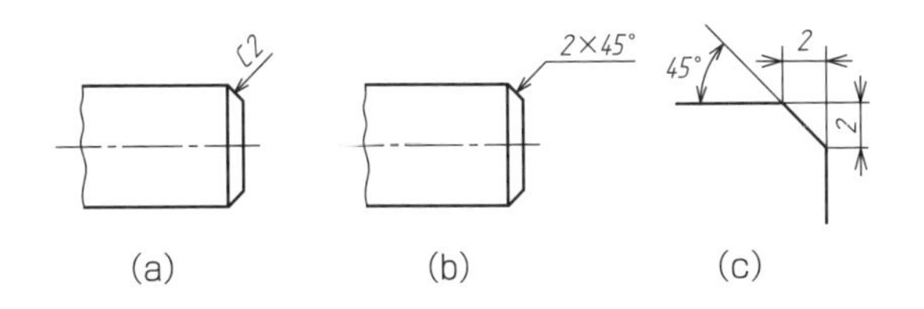

図11　面取りの表し方

④　寸法数値は、図12 (a)のように、図面をかいた線で分割されない位置でかき、線に重ねて記入しない。やむを得ない場合は、(b)のように引出線を用いて記入する。

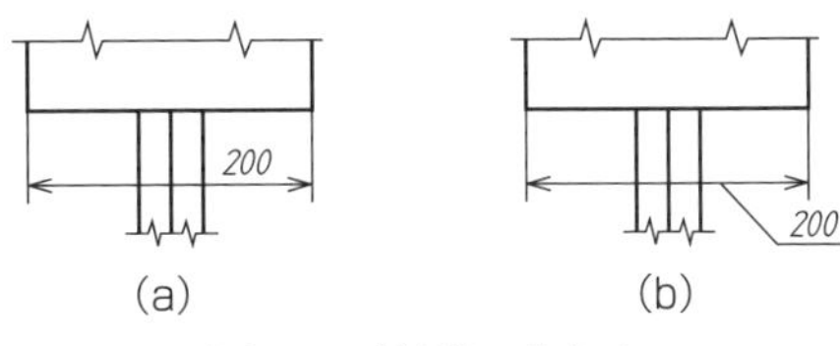

図12　寸法値の入れ方

⑤　対象物の断面が円形である場合、図13(a)のように、寸法数値の前に、数値と同じ大きさの直径記号φを記入する。

円形の図に直径の寸法を記入するときは、(b)のように、直径記号φをつけない。ただし、引出線を用いて記入する場合は、直径記号φをつける。

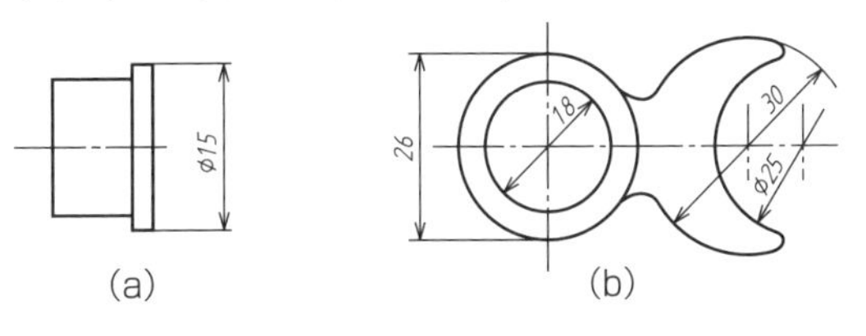

図13　直径の寸法記入例

(5) 寸法記入の向き

寸法数値は、水平方向の寸法線に対しては図面の下辺から、垂直方向の寸法線に対しては図面の右辺から読めるように指示する。また、斜め方向の寸法線上の数値は、図14のような向きに記入する。角度寸法の数値は、図15のような向きに記入する。

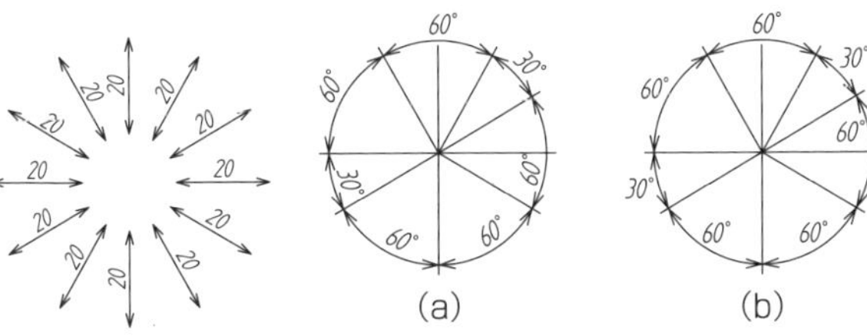

図14　長さ寸法の場合の記入例

図15　角度寸法の場合の記入例

401 第三角法（1）

（　　年　　月　　日）

科　年　組　番	名前	

次に示す対象物を、第三角法でかきなさい。（目盛りを合わせること。）

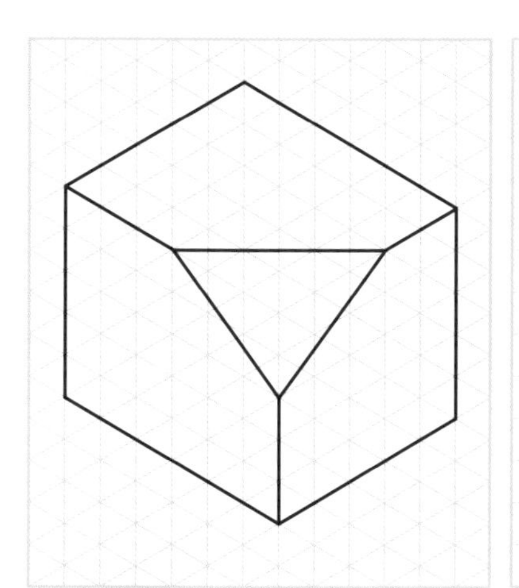

QR 1

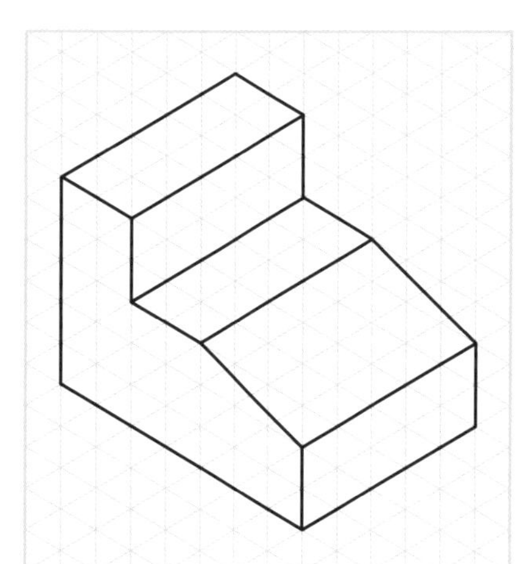

QR 2

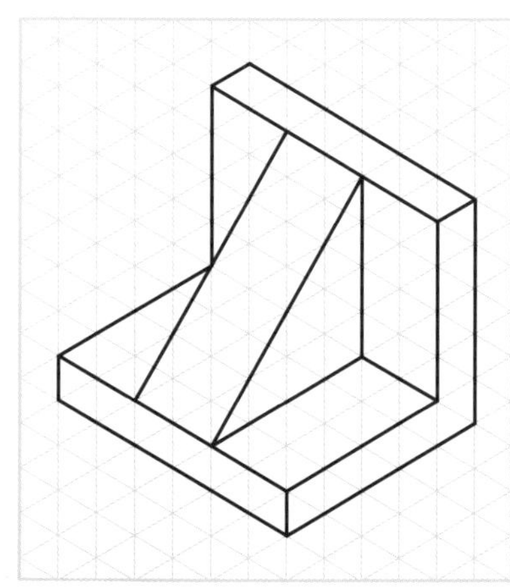

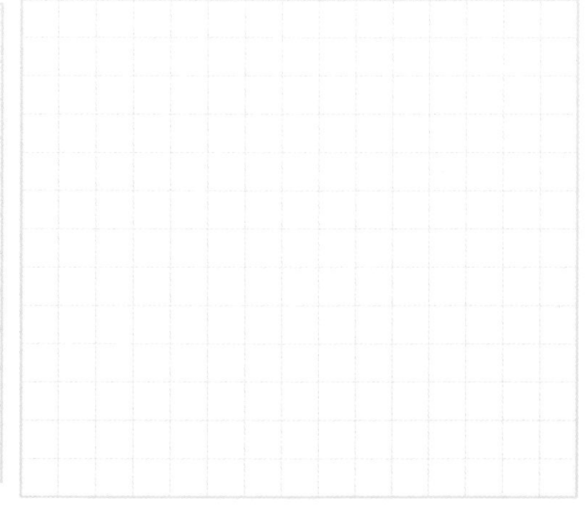

QR 3

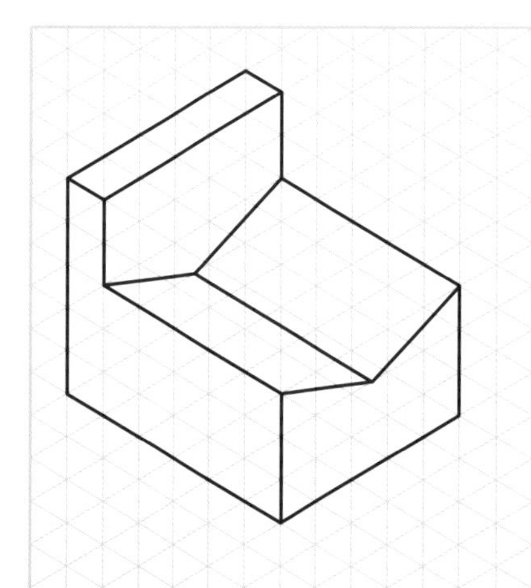

QR 4

402 第三角法（2）

（　年　月　日）

科	年	組	番	名前	

次に示す対象物を、第三角法でかきなさい。（目盛りを合わせること。）

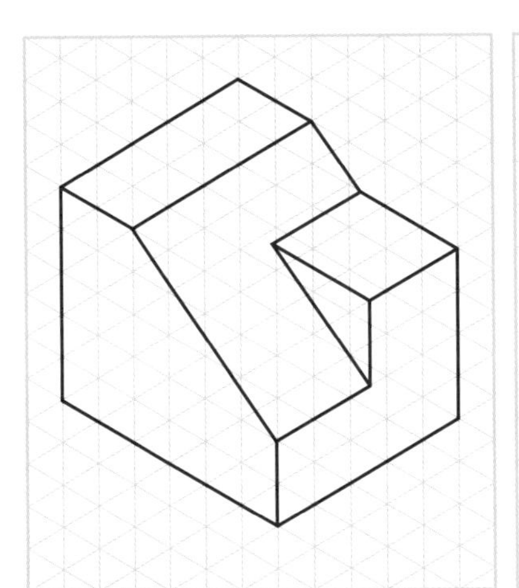

QR 1

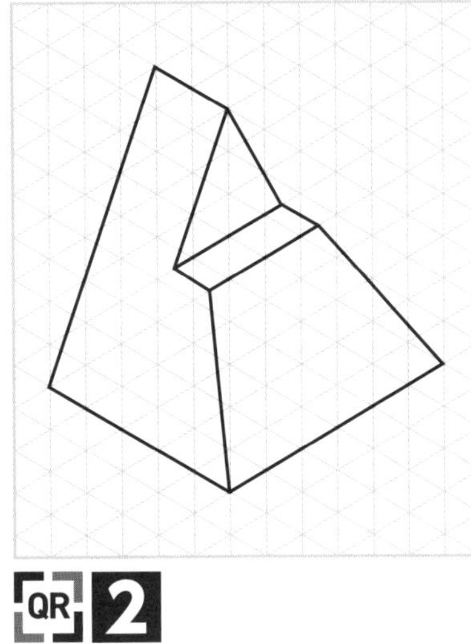

QR 2

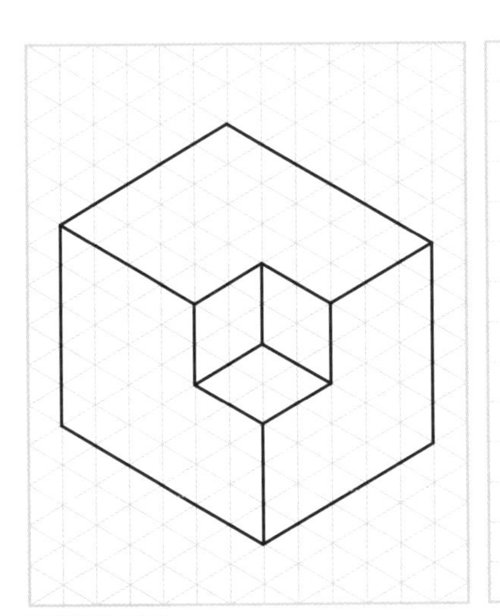

QR 3

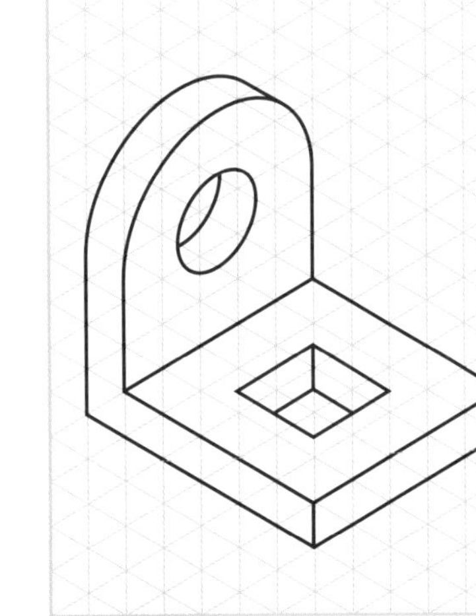

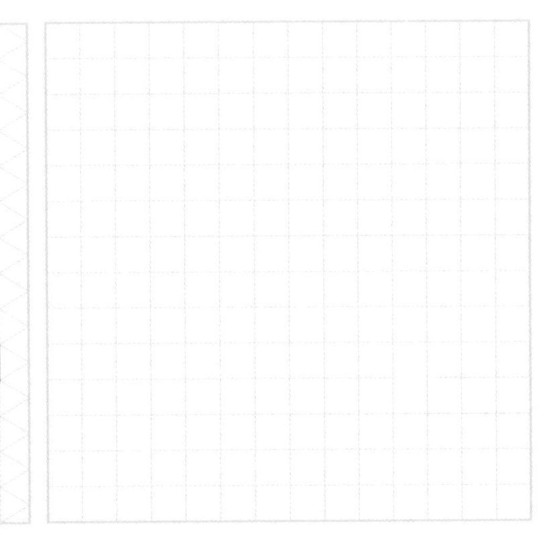

QR 4

403 等角図

（　年　月　日）　科　年　組　番　名前

次の第三角法でかかれた投影図を、等角図でかきなさい。（目盛りを合わせること。）

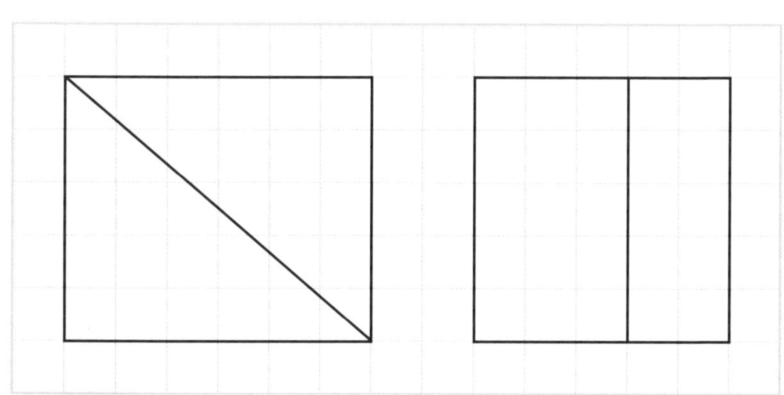

QR 1

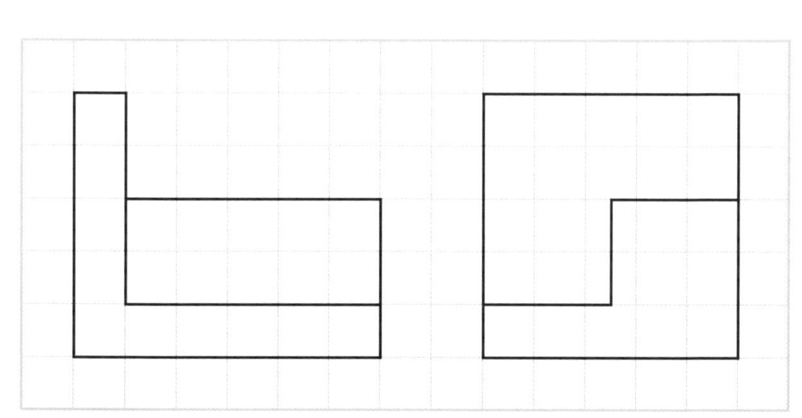

QR 2

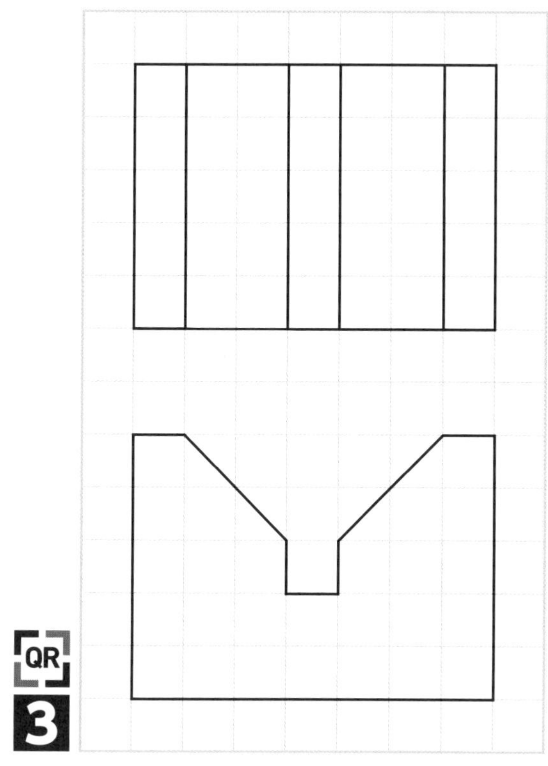

QR 3

404 寸法記入（1）

（　年　月　日）

科	年	組	番	名前	

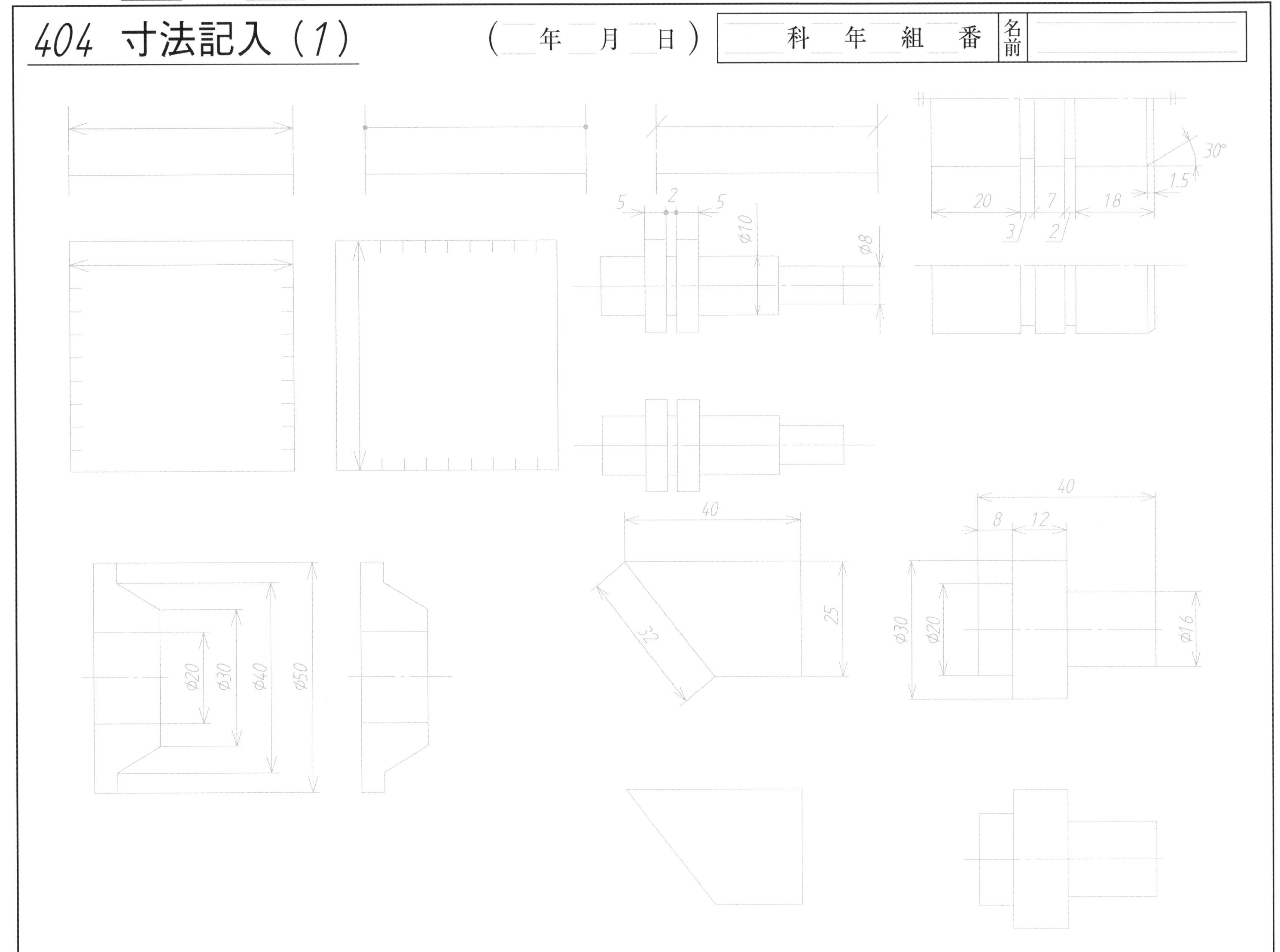

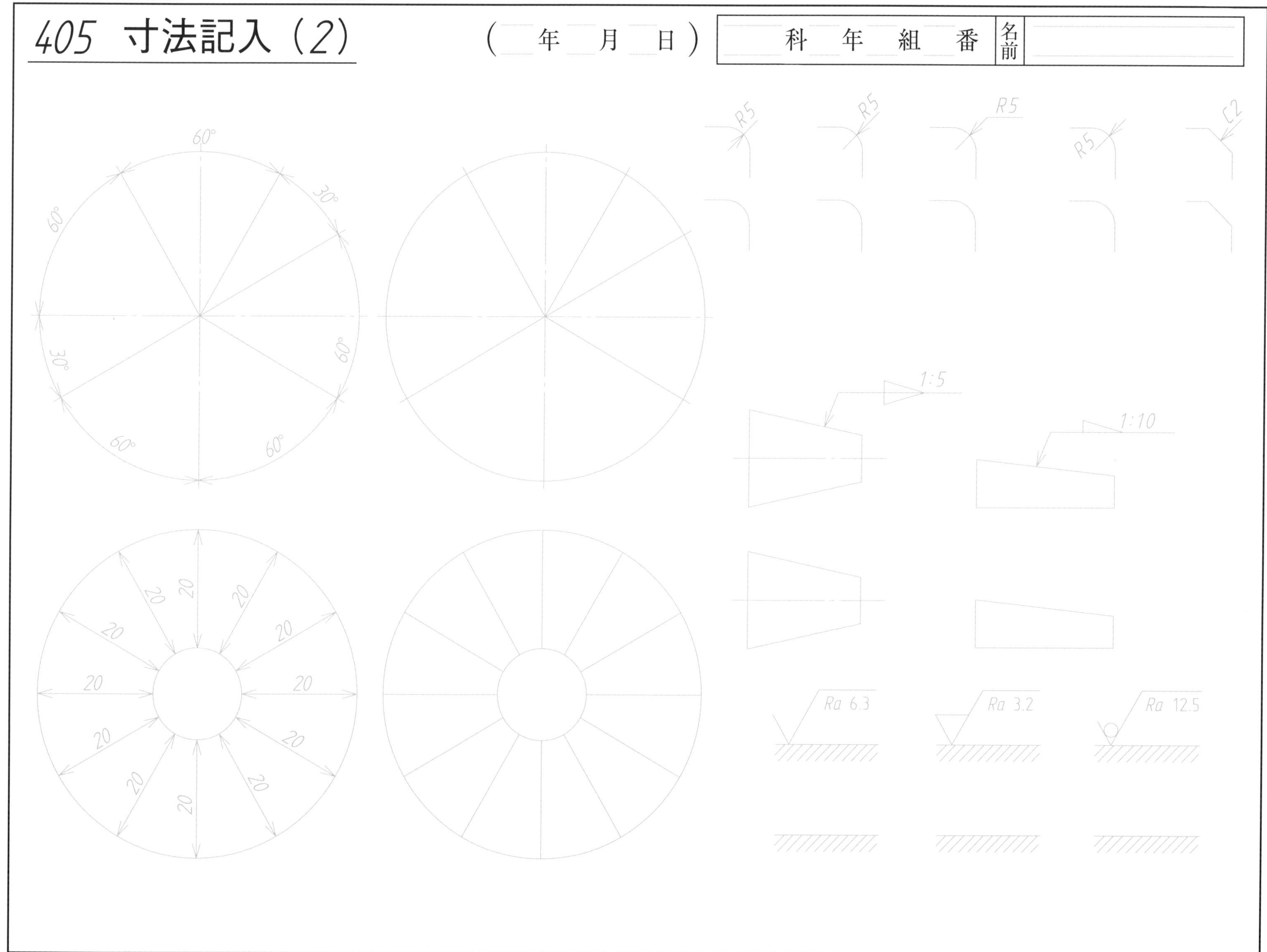
405 寸法記入 (2)
(年 月 日)
科 年 組 番 名前
60°
30°
60°
30°
60°
60°
60°
20
R5
R5
R5
R5
C2
1:5
1:10
Ra 6.3
Ra 3.2
Ra 12.5

406 図面のかき方

（　　年　　月　　日）

科	年	組	番	名前	

図面は、次のような順序で完成させると良い。

①図の配置を考えて、中心線・基準線を引く。
②投影図の輪かくを薄くかく。
③円、円弧を太い実線でかく。
④直線を引く。
⑤かくれ線を引く。
⑥不要の線を消す。
⑦寸法補助線・寸法線・引出線・参照線をかく。
⑧寸法数値、表面性状の図示記号、はめあい記号などをかく。

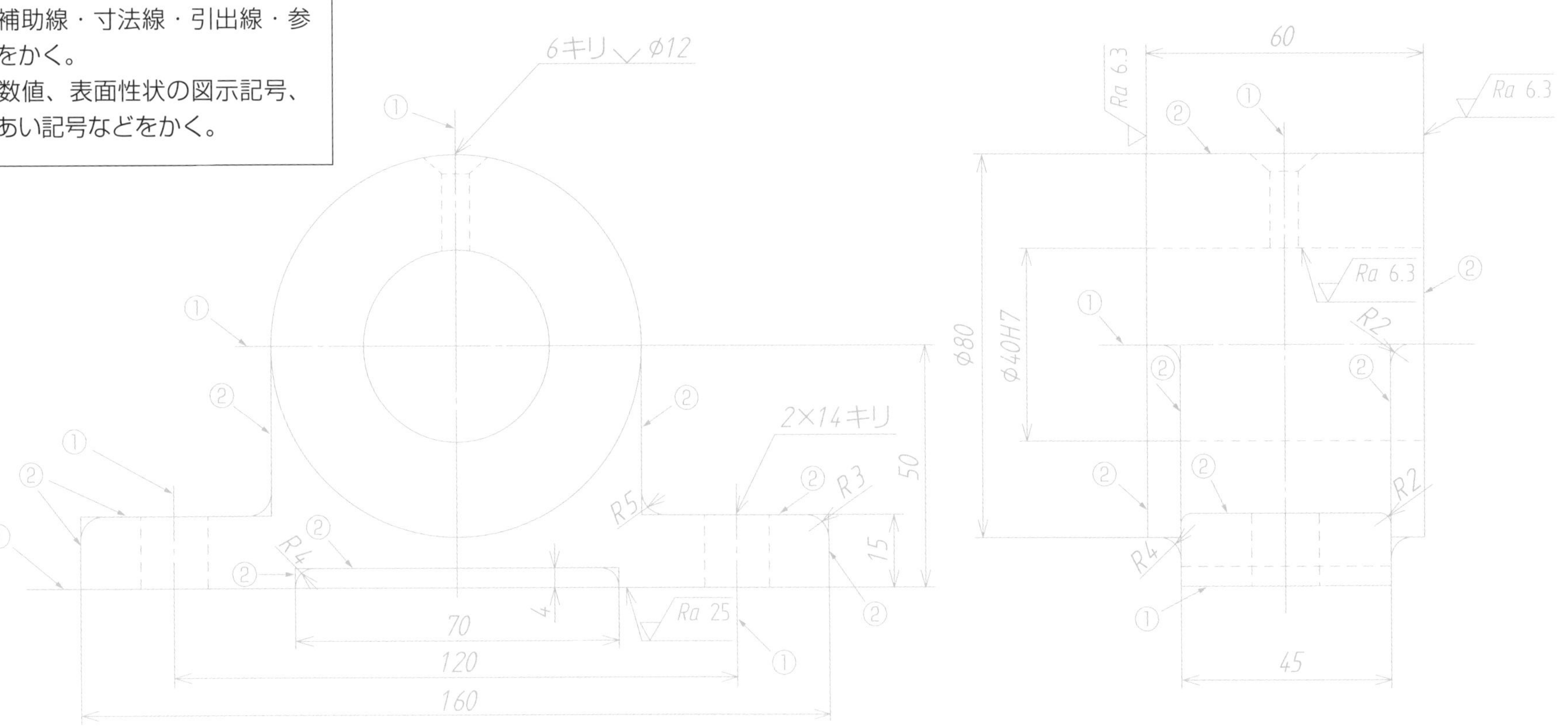

解説 5　ねじ　電気製図 p.72～82　電子製図 p.72～82

　ねじは、いろいろな機械に数多く使われている。ねじを側面から見た図を正確にかこうとするとかなり大変である。そこで図1のように、単純化した規格が決められており、略図でかけばよいことになっている。かき方は次の通りである。

① ねじの谷底は細い実線でかき、円周の3/4ぐらいの円の一部で表す。できれば右上を1/4あけるとよい。ただし、右上をあけられない場合はほかの位置でもよい。

② 不完全ねじ部は、図示しなくてよい。
図示する場合は、軸線に対して30°の細い実線とする。

③ おねじとめねじが重なる場合は、おねじの方で表す。めねじの端面はおねじの谷底まで食い込ませてかかない。

④ ねじの呼びdは、つねにおねじの山の頂又はめねじの谷底に対して記入する。

⑤ 呼び径6mm以下のねじや、規則的に並ぶ同じ形状および寸法の穴やねじの場合、図示や寸法指示を簡略にしてよい。

●ねじの表し方（ねじの呼び）

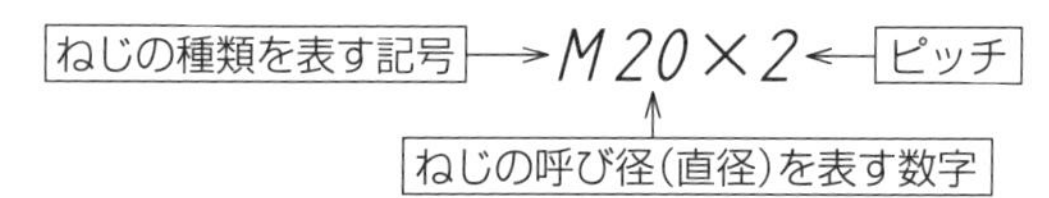

●ねじの図示のしかた

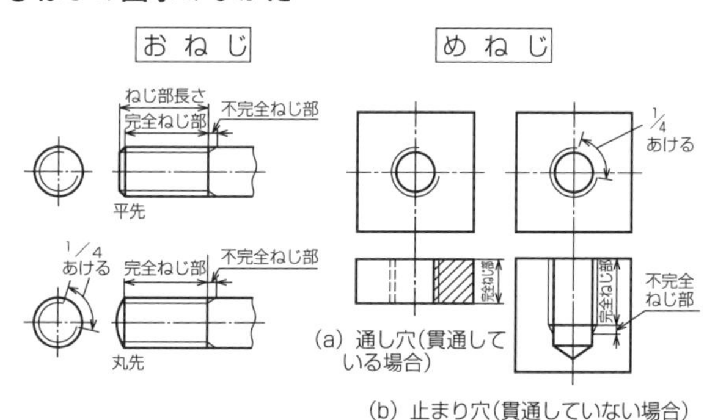

図1　ねじの図示法

●ねじの寸法記入

　ねじの寸法記入は、図2のように、寸法線と寸法補助線を用いてねじの呼びdを記入する。

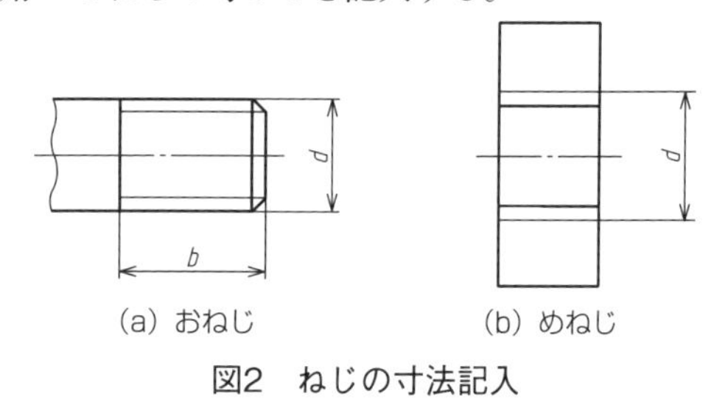

図2　ねじの寸法記入

●めねじのつくり方

　図3(a)のように、めねじはドリルで穴あけした後、タップでねじ切りして作られるので、図3(b)のような図形となる。

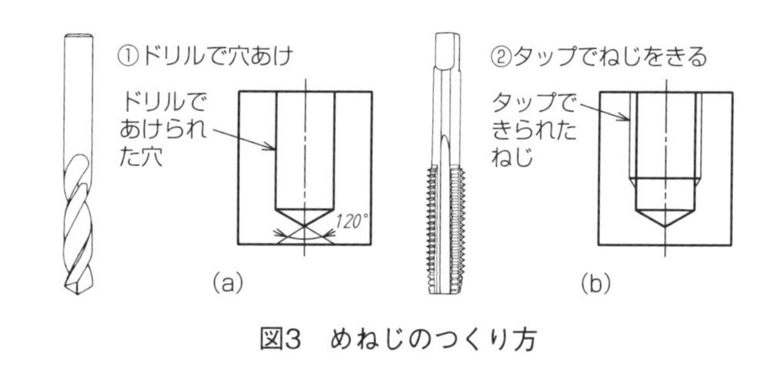

図3　めねじのつくり方

●六角ボルト・六角ナットのかき方

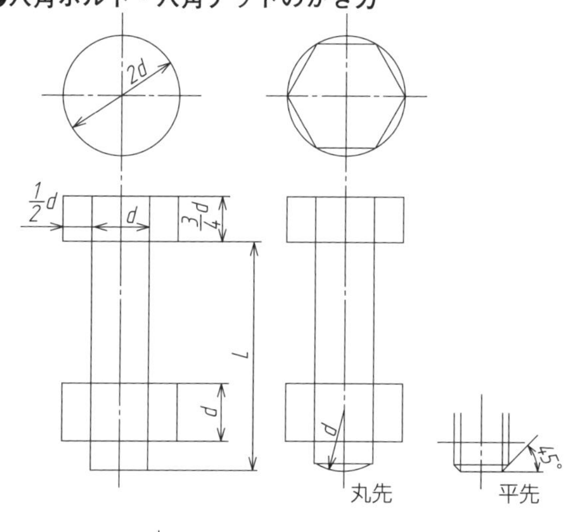

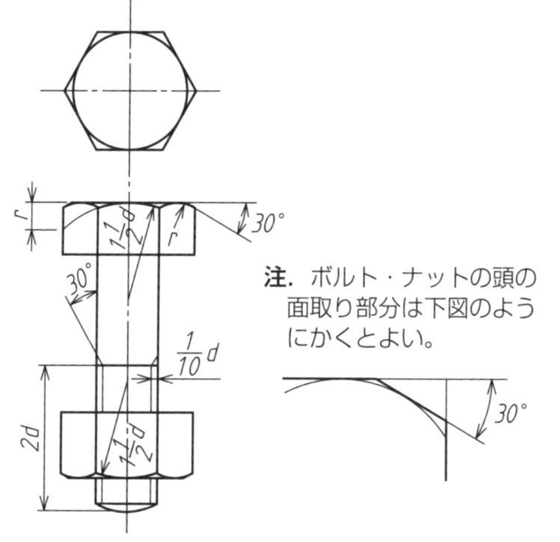

図4　ボルト・ナットのかき方

501 ねじ製図

（　　年　　月　　日）

科	年	組	番	名前	

太い線と細い線を区別して下の図を仕上げなさい。

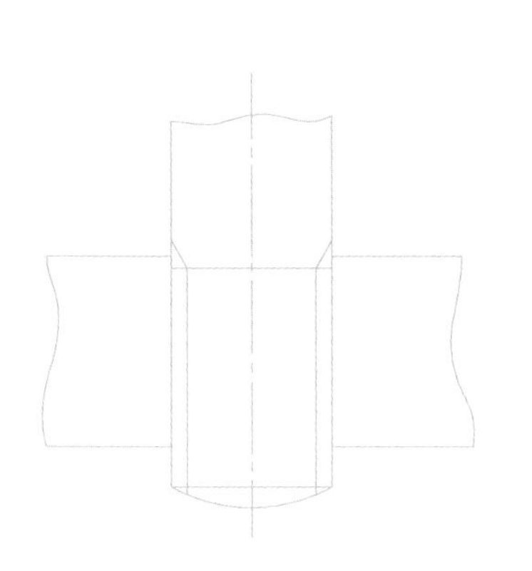

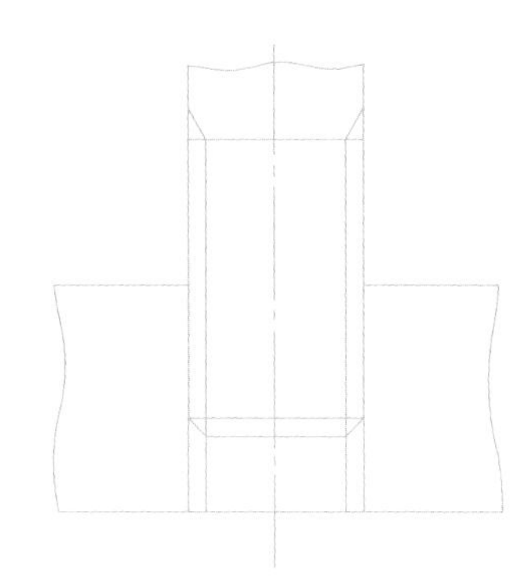

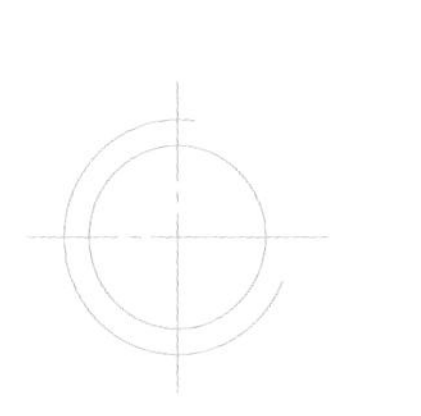

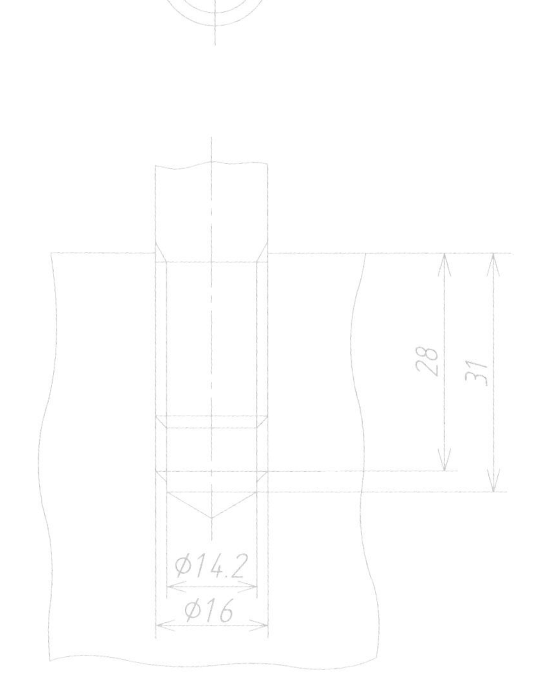

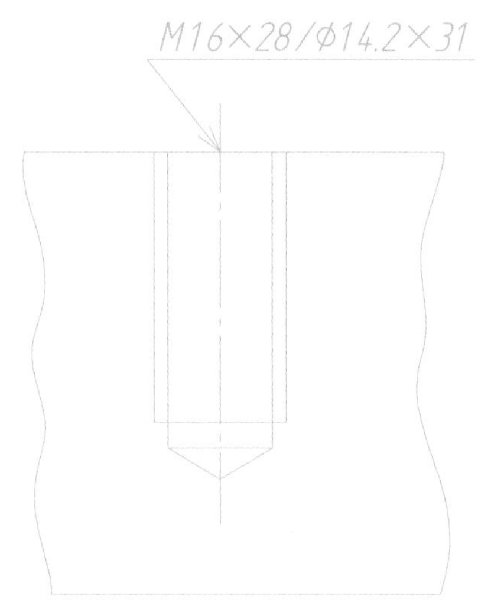

22ページの解説を参照して，次に示したボルト・ナットをかきなさい。
（六角ボルトM20×60丸先および六角ナットM20）

解説6　電気・電子製図

物体の形状、構造を表す機械製図と異なり、電気・電子製図は、電気用図記号と線を用いて電気回路の動作・機能などを第三者に伝えようとするもので、構成部品の大きさ・形状・取り付け位置に関係なくかく。

そのため、電気的な知識や電気回路の働きを理解していることが求められる。

電気・電子製図には、電気機械・器具の電気的接続状態を表す接続図や配線図、電子回路の配線を表す回路図、建物の電気配線を表す系統図や屋内配線図など、さまざまなものがある。

●線の太さ

電気製図に用いる線は、機械製図とちがい、とくに規定がないので、図面のつり合いを考えて線・図記号・文字を中程度の太さに統一してかくことが多い。

系統図などでは線の太さを２種類用いて、①主電源に太線　②その他の接続線には細線を用いてかく。また、接続図では、線が多くなる場合は束ねて１本の太線でかく場合がある。その他機械的な結合（二連バリコンなど）やしゃへい（外部からの影響を排除するために金属で覆うこと）には中程度の破線を用い、また、回路の区画を表す破線も中程度の太さとし、ダッシュの長いものを使う。細い実線は引き出し線や制御の区画用に使い、一点鎖線は複雑な電気用図記号をまとめるときに用いる。

1　図記号　電気製図 p.98〜106 電子製図 p.92〜100

電気に関する図記号はJISで決められており、電気回路・機器・施設およびそれらの装置など電気的接続関係を表す図面に用いる「電気用図記号」と、これらの機器や装置とを電気的に接続する電線の取り付け方法などを示すための図面に使用する「構内電気設備の配線用図記号」などがある。

●図の配置

電気・電子製図を作図するには、まず図面全体のバランスをとることが大事である。そのためには、図記号の大きさ、線と線との間隔、線の太さなど調和がとれるようにかき、注意書きや素子の名称・符号・定数の記入によって混雑しないように記号の名称の付近は余白をとり、大きさをそろえ見やすくする。

●図記号を用いるときの注意

1．同一図面においては、同じ機能を表す図記号を混在させない。

2．図記号の大きさを変えることは自由であるが、なるべく相似な形とする。

3．必要がある場合は、制御内容をすぐに理解できるように、図記号に略称、用途などを併記する。

4．開閉接点を含む図記号において、接点の可動部の状態は、次のいずれかを示すようにする。

(1)接点部が電気などのエネルギーによって駆動されるものは、その駆動部の電源及びその他のエネルギー源がすべて切り離された状態。

(2)接点部が手動によって操作されるものは、その操作部に手を触れない状態。

(3) (1)、(2)の状態にあっても、その接点部が二つ以上の異なる状態をとることができるものは復帰の状態または、休止状態にあるべき状態とする。

2　回路図　電気製図 p.158〜164 電子製図 p.102〜112

電子回路の回路図では、図１のように、入力を図面の左か左上側に、出力は右か右下側に、素子の名称・記号（R_1、R_2…C_1、C_2…）なども同じような順序で配置記入する。各素子や単位回路の配列は入力から出力へ、電源から負荷へと伝送順かあるいは動作順に配置する。

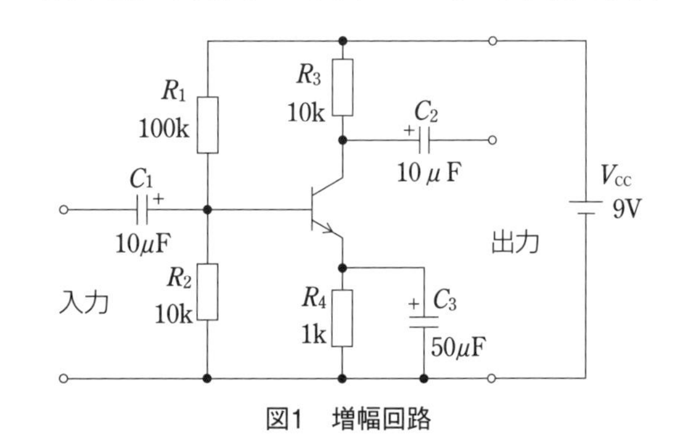

図1　増幅回路

3　屋内配線図　電気製図 p.128〜135 電子製図 p.152〜159

屋内配線図は、構内電気設備の配線用図記号を用いて、建物の平面図上に設置する電灯・電話線・防災器具等の、取り付け位置・取り付け方法を表した図で、次の順序で作成する。

1．建物の平面図をかく。原則として縮尺1/100

2．配線図をかく。電灯・コンセント・点滅器などの図記号をかく。

天井等やコンセントは直径3mm位の○、点滅器は直径1.5mm位の●、開閉器は高さ3mm程度の□、蛍光灯の大きさは実物の縮尺寸法でかく。

3．配線の条数、種類、太さなどを記入する。

配線経路は太い実線で、条数は細い斜線を用いる。

4．電灯の容量や記事などを記入する。

4　接続図　電気製図 p.141〜144, 148〜152

●受電設備の接続図

自家用受電設備に用いられる接続図には、単線接続図・複線接続図・展開接続図などがある。

全体の接続図をかく場合は、その回路の動作や、図記号の構成、配置を考えて、型板（テンプレート）を用いてかくとよい。

●シーケンス展開接続図

シーケンス展開接続図には、おもに電気用図記号（JIS C 0617-2〜10）と文字記号（JEM 1115）が用いられる。それら図記号・文字記号を正しくかく。また、回路図は、動作順序や信号の流れが左から右へ、または上から下へ移行するように配置する。線の太さを一様にする。

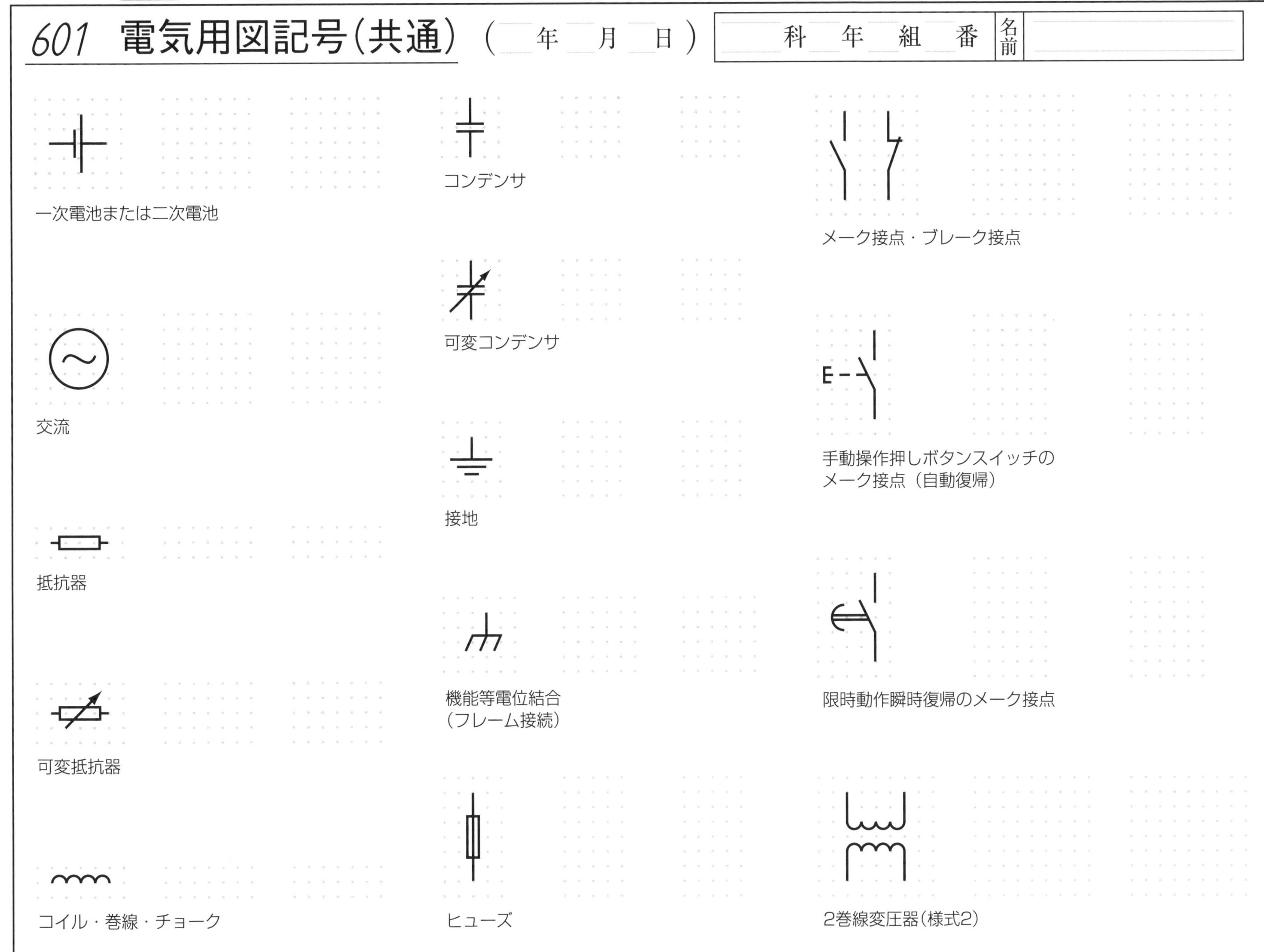
601 電気用図記号(共通)
(　年　月　日)
科　年　組　番
名前
一次電池または二次電池
交流
抵抗器
可変抵抗器
コイル・巻線・チョーク
コンデンサ
可変コンデンサ
接地
機能等電位結合
(フレーム接続)
ヒューズ
メーク接点・ブレーク接点
E
手動操作押しボタンスイッチの
メーク接点(自動復帰)
限時動作瞬時復帰のメーク接点
2巻線変圧器(様式2)

602 電気用図記号(半導体・通信)

(年 月 日) 科 年 組 番 名前

603 負帰還増幅回路

（　年　月　日）

科	年	組	番	名前	

右図を参照して、下の負帰還増幅回路図を完成させなさい。

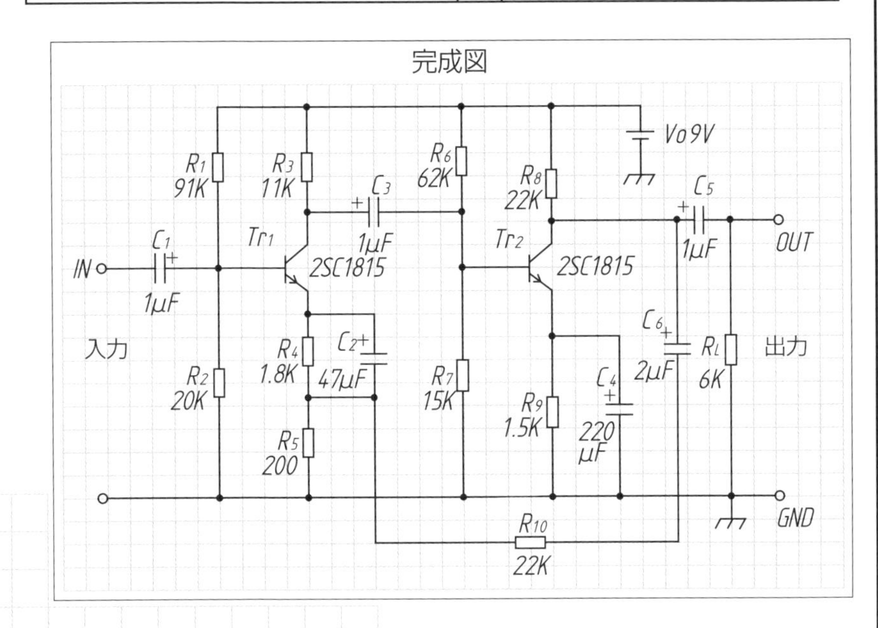

604 構内電気設備の配線用図記号 （ 年 月 日）

科	年	組	番	名前

1.6
天井隠ぺい配線
（電線直径1.6mm）

床隠ぺい配線

白熱灯・HID灯

CH
シャンデリヤ

CL
シーリング（天井直付）

ペンダント

蛍光灯

非常用照明（蛍光灯）

コンセント
一般形

調光器（一般型）

点滅器（一般型）

ジョイントボックス

VVF用ジョイントボックス

B
配線用遮断器

E
漏電遮断器

分電盤

配電盤

Wh
電力量計
（箱入り又はフード付）

立上り

引下げ

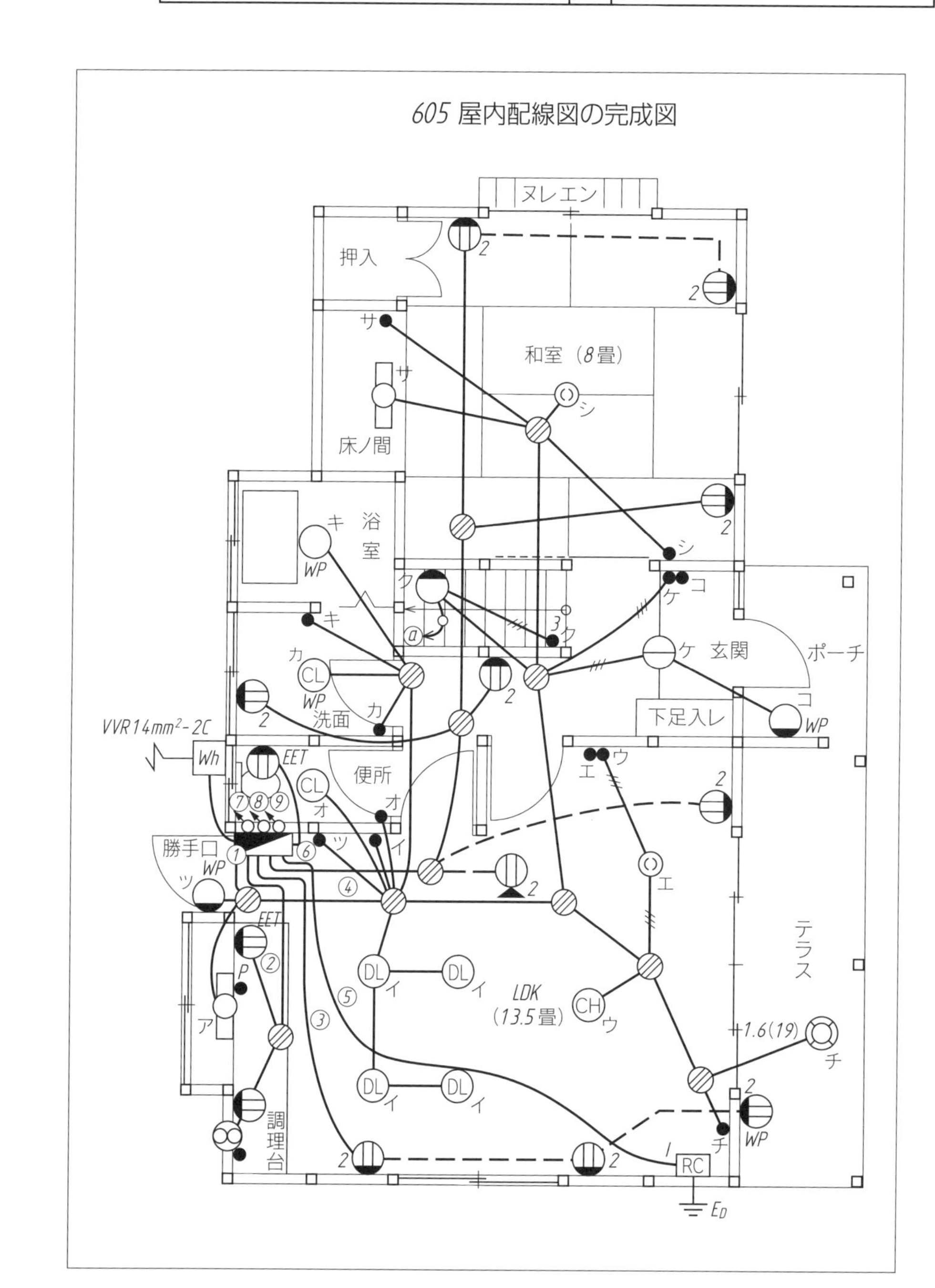

605 屋内配線図

科　年　組　番　名前

28ページの右図を参照して、構内電気設備の配線用図記号で屋内配線図をかきなさい。

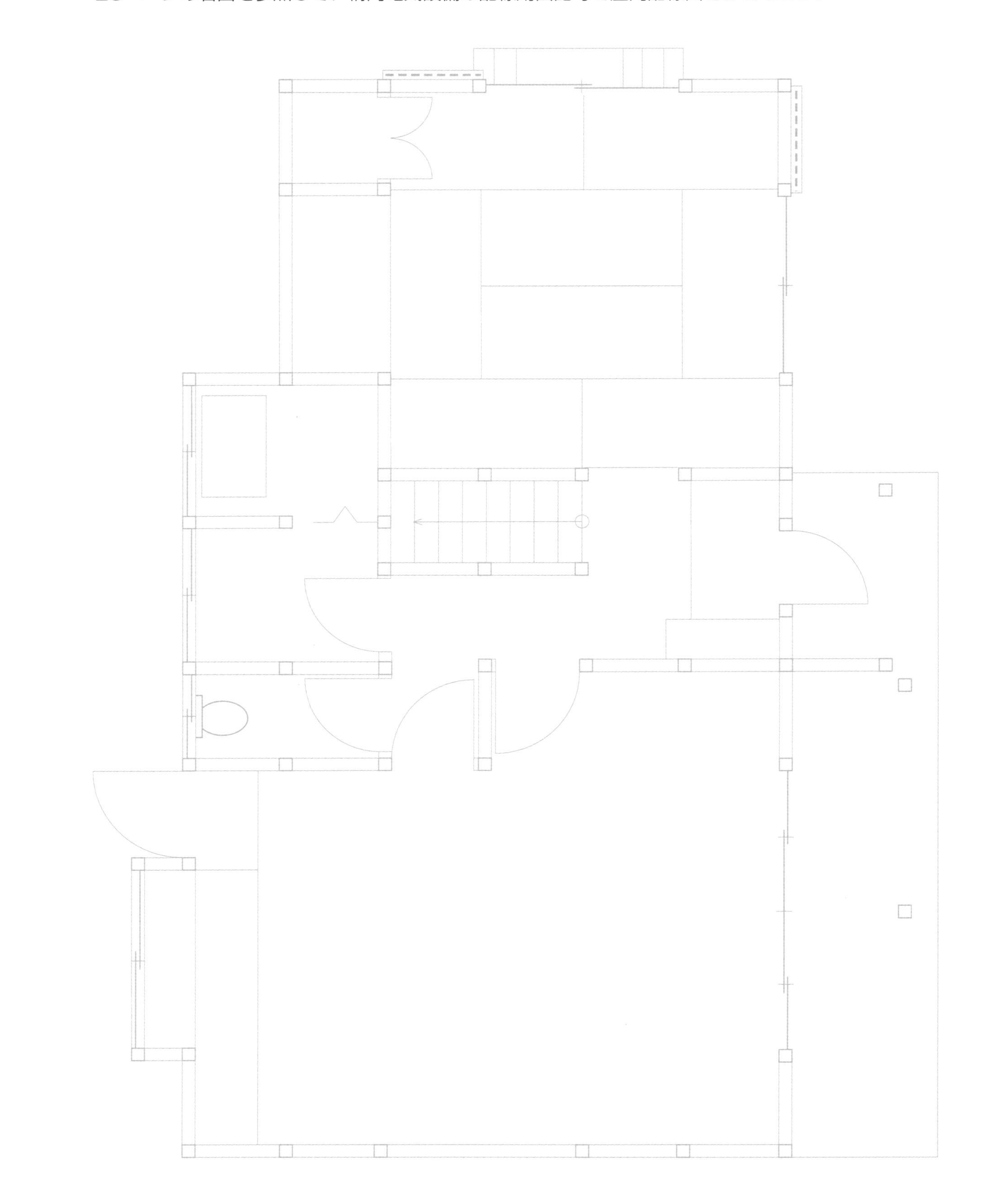

電気製図 p.141～144

606 受電設備の図記号

（　　年　　月　　日）　　科　　年　　組　　番　名前

高圧交流負荷開閉器（ヒューズ付）

避雷器

零相変流器

直列リアクトル

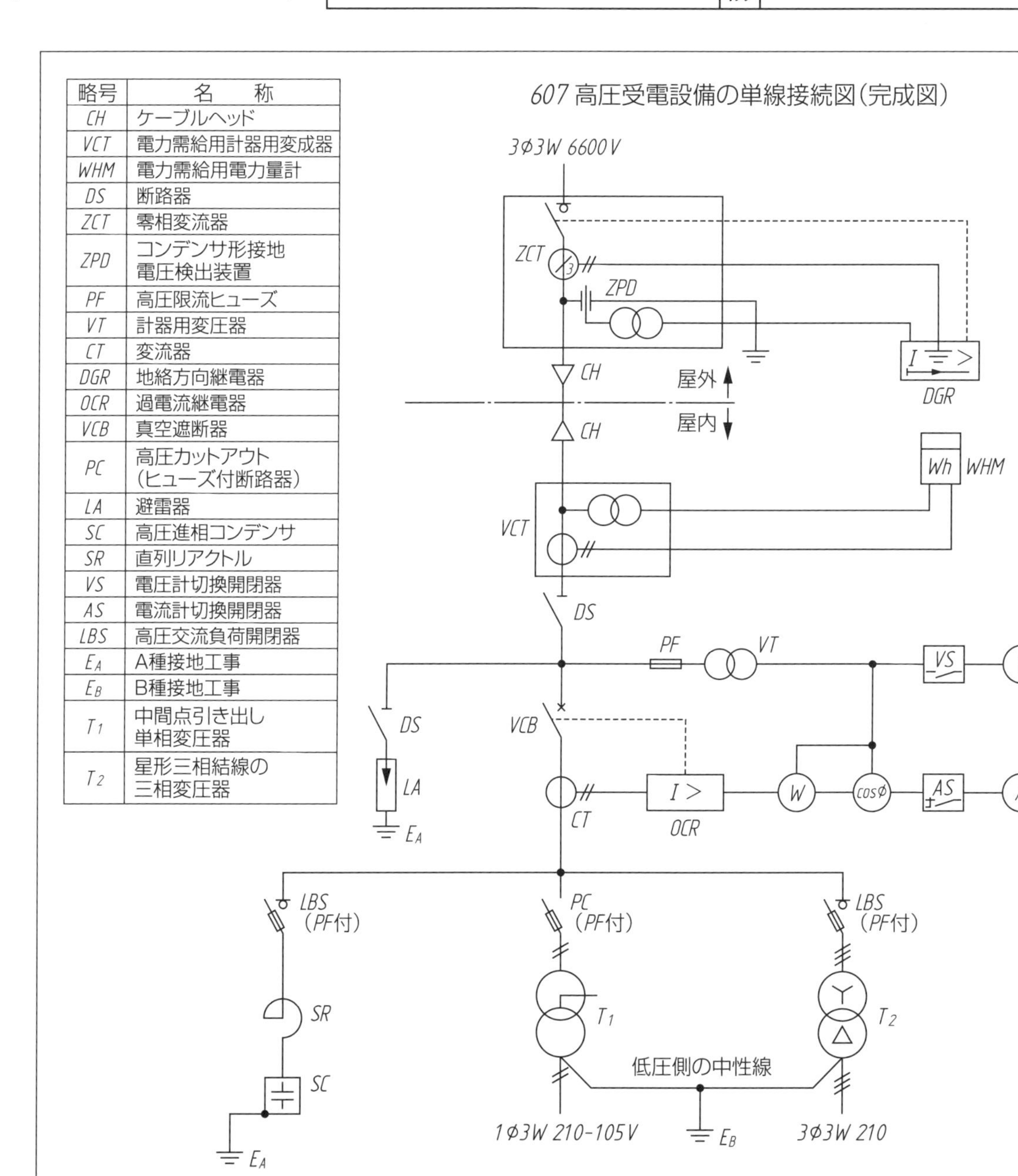

略号	名　称
CH	ケーブルヘッド
VCT	電力需給用計器用変成器
WHM	電力需給用電力量計
DS	断路器
ZCT	零相変流器
ZPD	コンデンサ形接地電圧検出装置
PF	高圧限流ヒューズ
VT	計器用変圧器
CT	変流器
DGR	地絡方向継電器
OCR	過電流継電器
VCB	真空遮断器
PC	高圧カットアウト（ヒューズ付断路器）
LA	避雷器
SC	高圧進相コンデンサ
SR	直列リアクトル
VS	電圧計切換開閉器
AS	電流計切換開閉器
LBS	高圧交流負荷開閉器
E_A	A種接地工事
E_B	B種接地工事
T_1	中間点引き出し単相変圧器
T_2	星形三相結線の三相変圧器

607 高圧受電設備の単線接続図

科	年	組	番	名前	

30ページの図を参照し、名称と単線接続図を完成させなさい。

略号	名　称
CH	
VCT	
WHM	
DS	
ZCT	
ZPD	
PF	
VT	
CT	
DGR	
OCR	
VCB	
PC	
LA	
SC	
SR	
VS	
AS	
LBS	
E_A	
E_B	
T_1	
T_2	

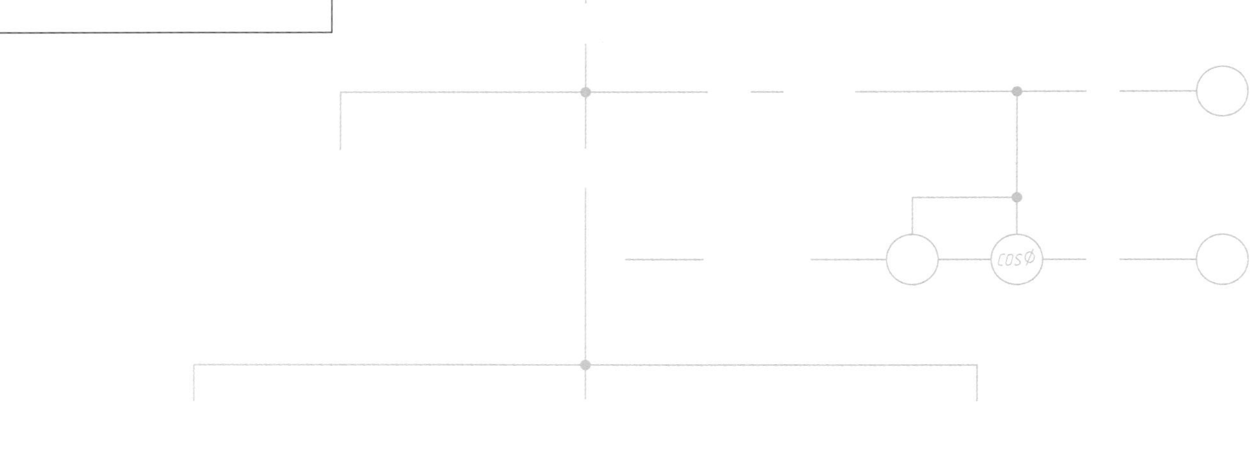

電気製図 p.148〜150

608 シーケンス展開接続図

（　　年　　月　　日）

科	年	組	番	名前	

三相誘導電動機のY－△始動回路のシーケンス図をかきなさい。
（線や図記号および文字を上からかき、シーケンス図を完成させなさい。）

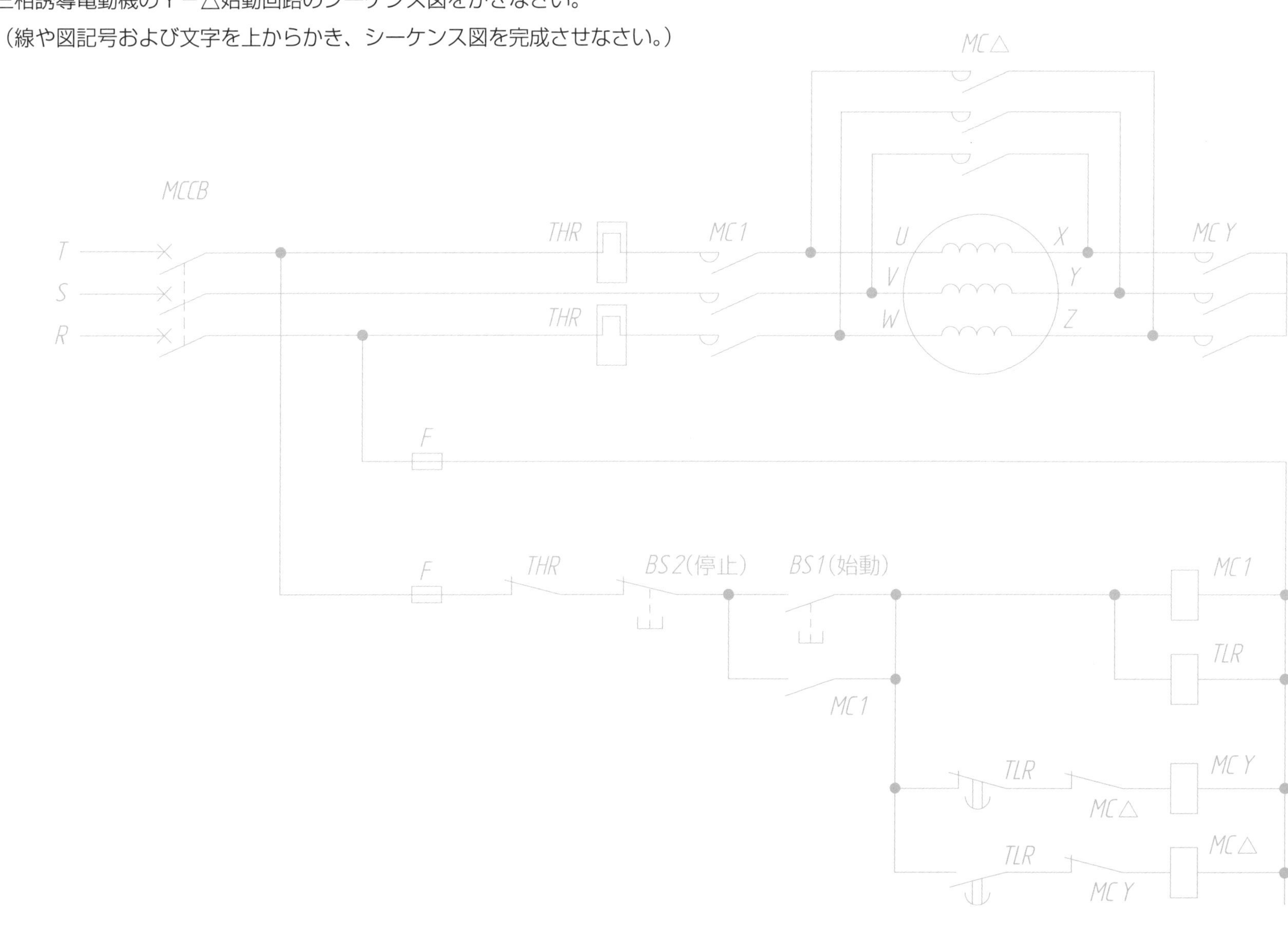

電気・電子製図ワークノート　解答編 (P.13,16,17,18,21,23 を掲載しました。)

302 正弦曲線・余弦曲線 (　年　月　日)

　科　年　組　番　名前

正弦曲線と余弦曲線をかきなさい。

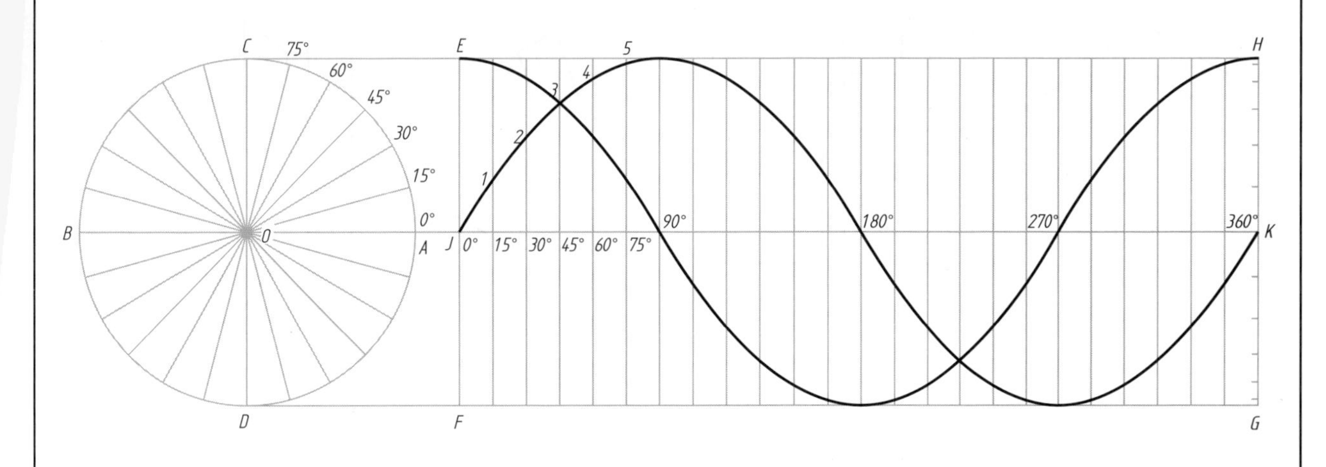

正弦曲線のかき方

① 円*O*の円周および*JK*の等分点をそれぞれ*15°*, *30°*, *45°*, …… とする。

② 円の*15°*から*AB*に平行な線を引き，*JK*上の*15°*の垂線との交点*1*を求める。同じようにして，*2*, *3*, *4*, …… を求め，これらの点を滑らかに結ぶ。

注　正弦曲線と余弦曲線は形が同じであるが，波形の位相が*90°*ずれている。

401 第三角法 (1) (　年　月　日)

　科　年　組　番　名前

次に示す対象物を、第三角法でかいてみなさい。(目盛りを合わせること。)

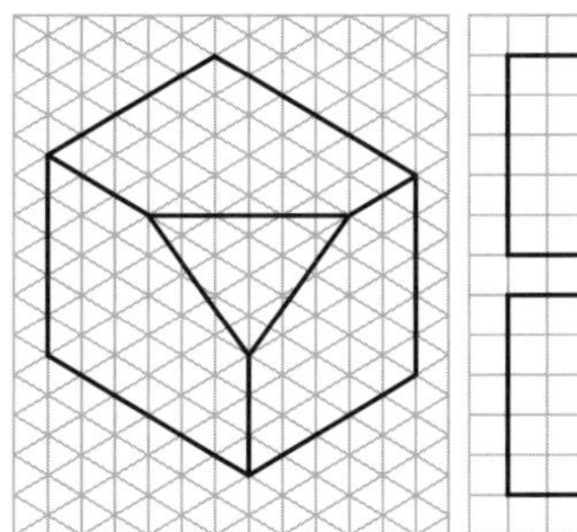

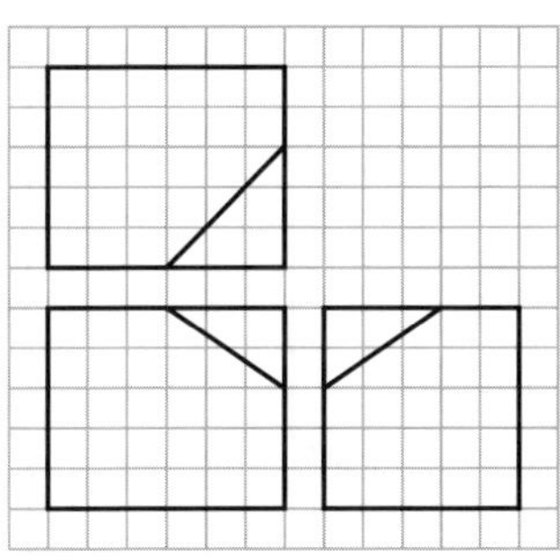

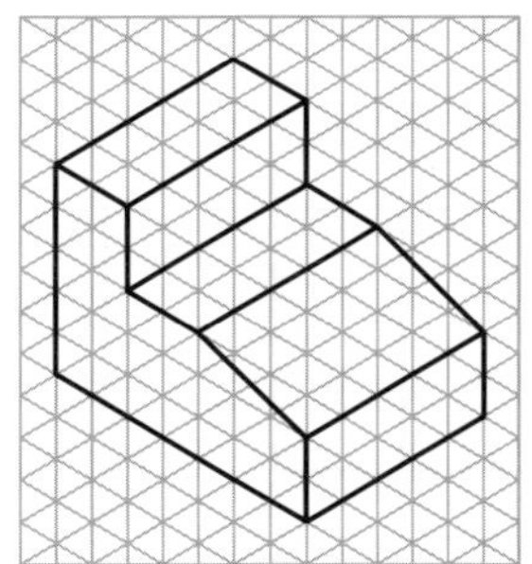

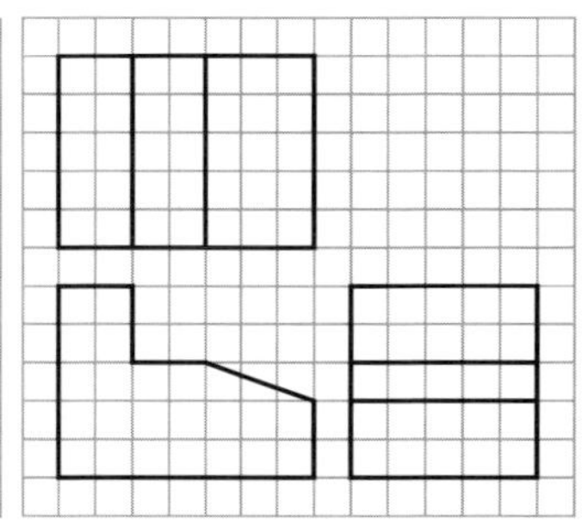

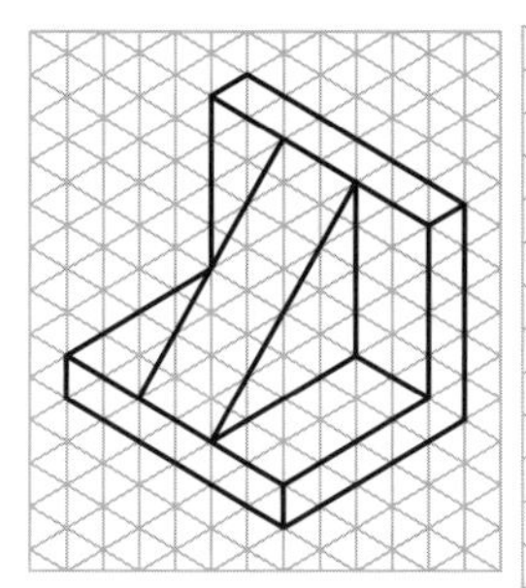

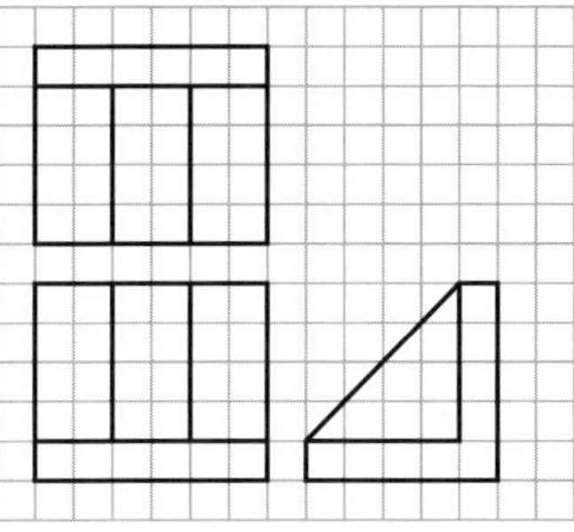

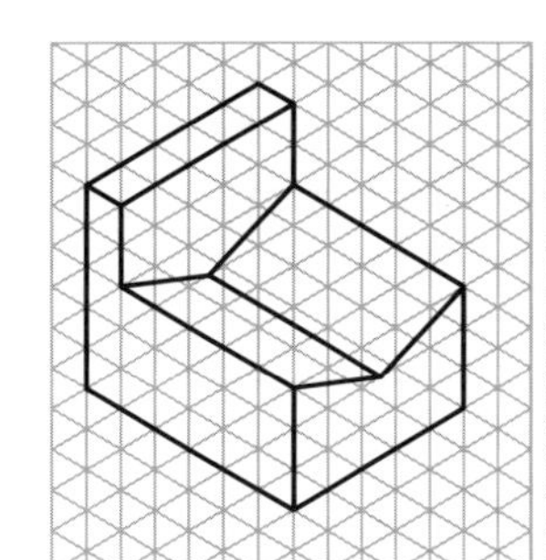

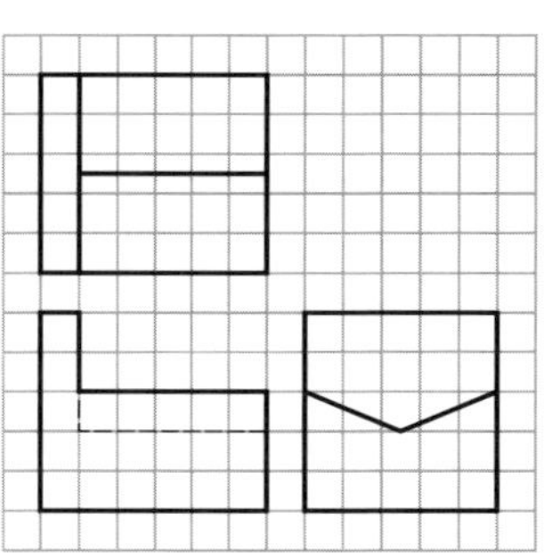

402 第三角法（2）

（　年　月　日）　　科　年　組　番　名前

次に示す対象物を、第三角法でかいてみなさい。（目盛りを合わせること。）

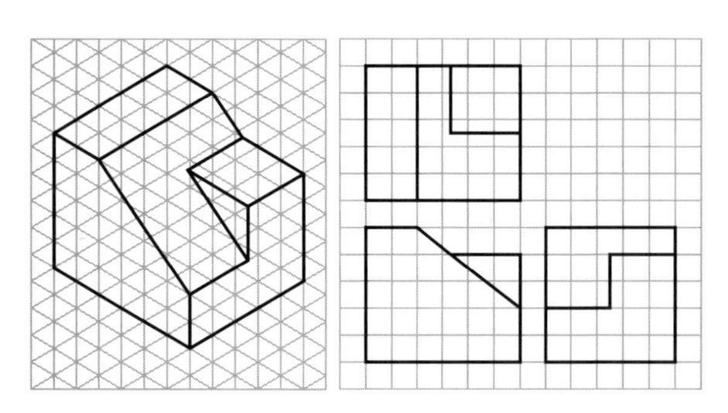

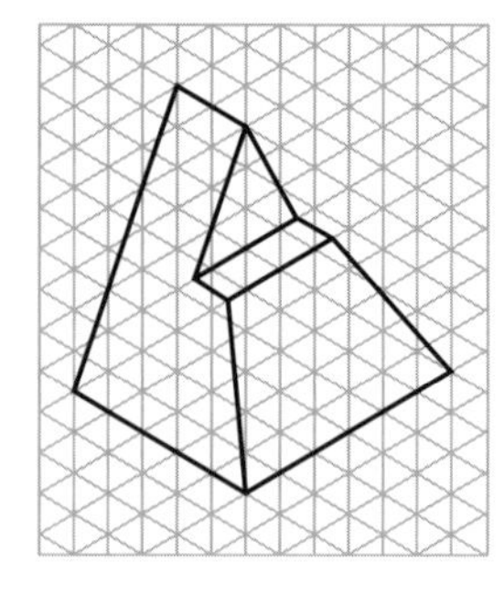

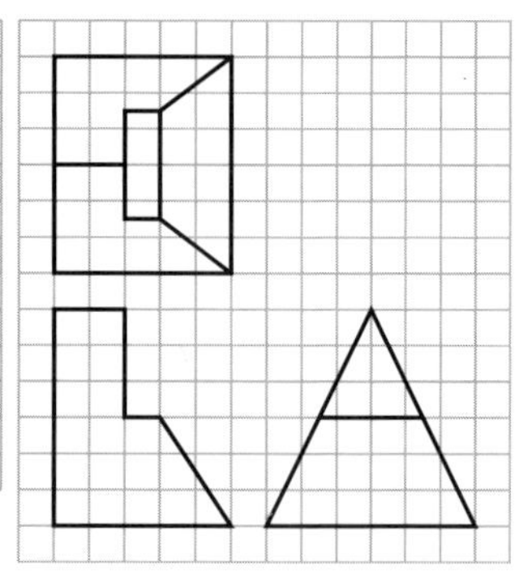

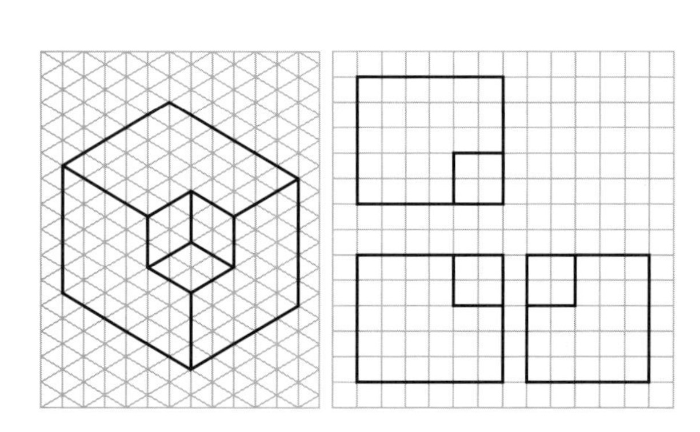

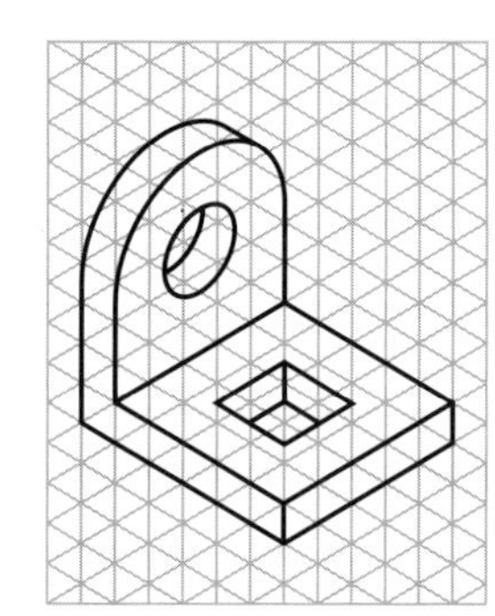

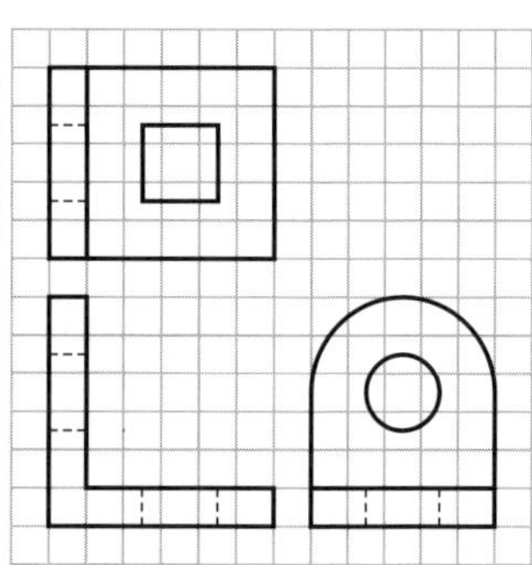

403 等角図

（　年　月　日）　　科　年　組　番　名前

次の第三角法で書かれた投影図を、等角図でかいてみなさい。（目盛りを合わせること。）

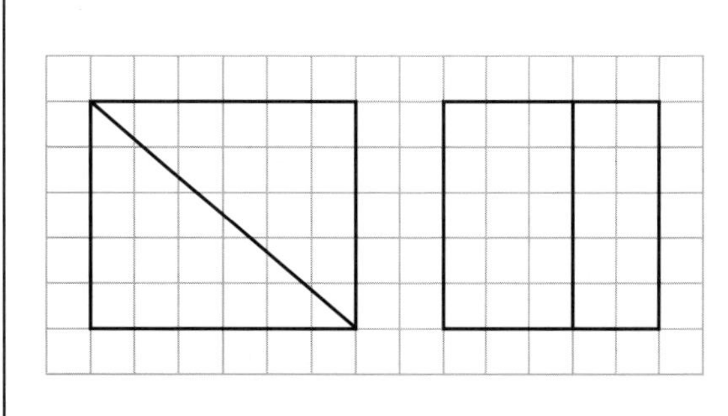

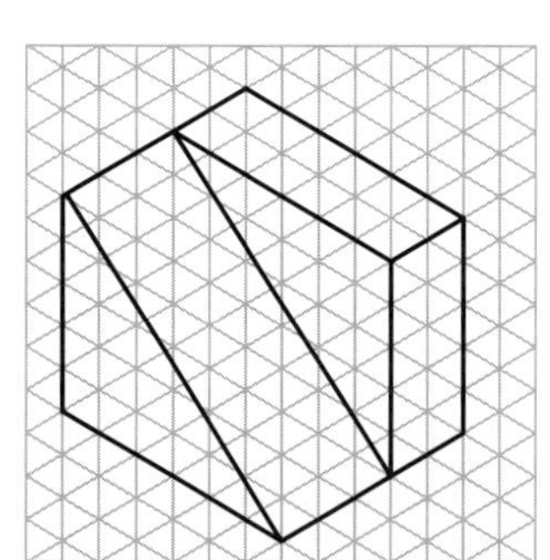

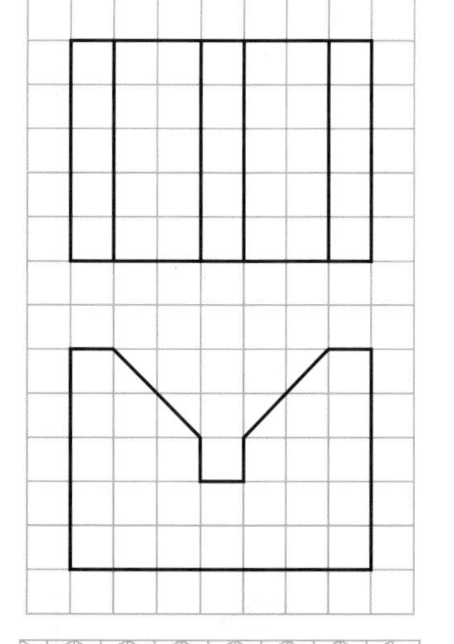

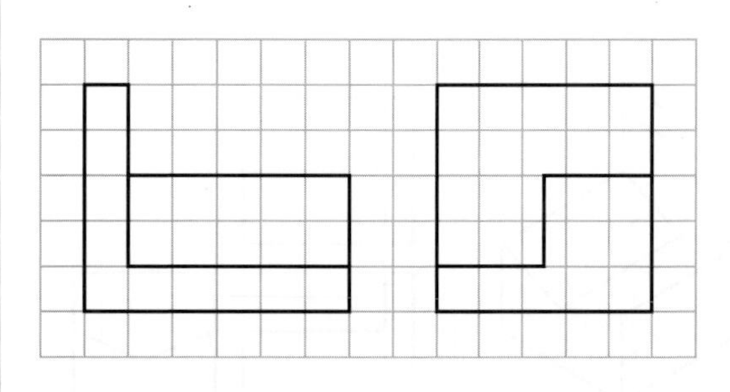

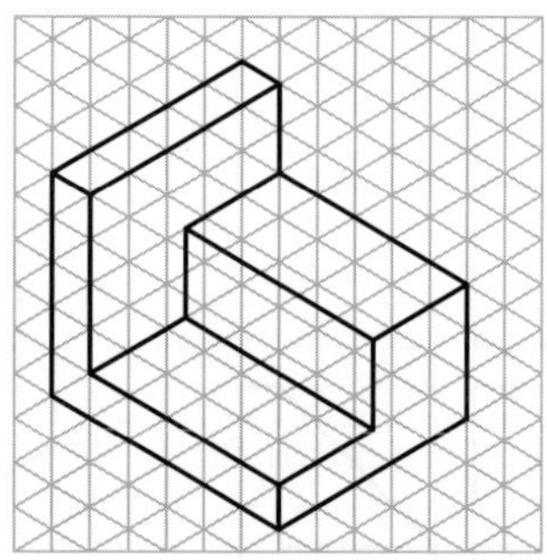

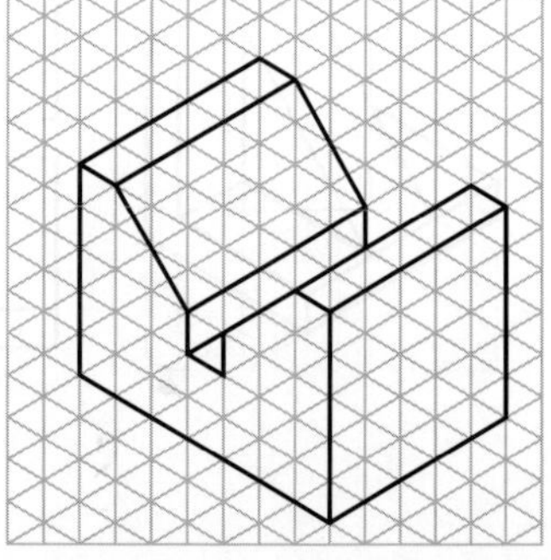

406 図面のかき方

（　年　月　日）　　科　年　組　番　名前

図面は、次のような順序で完成させると良い。

①図の配置を考えて、中心線・基準線を引く。
②投影図の輪かくを薄くかく。
③円、円弧を太い実線でかく。
④直線を引く。
⑤かくれ線を引く。
⑥不要の線を消す。
⑦寸法補助線、寸法線、引出線・参照線をかく。
⑧寸法数値、表面性状の図示記号、はめあい記号などをかく。

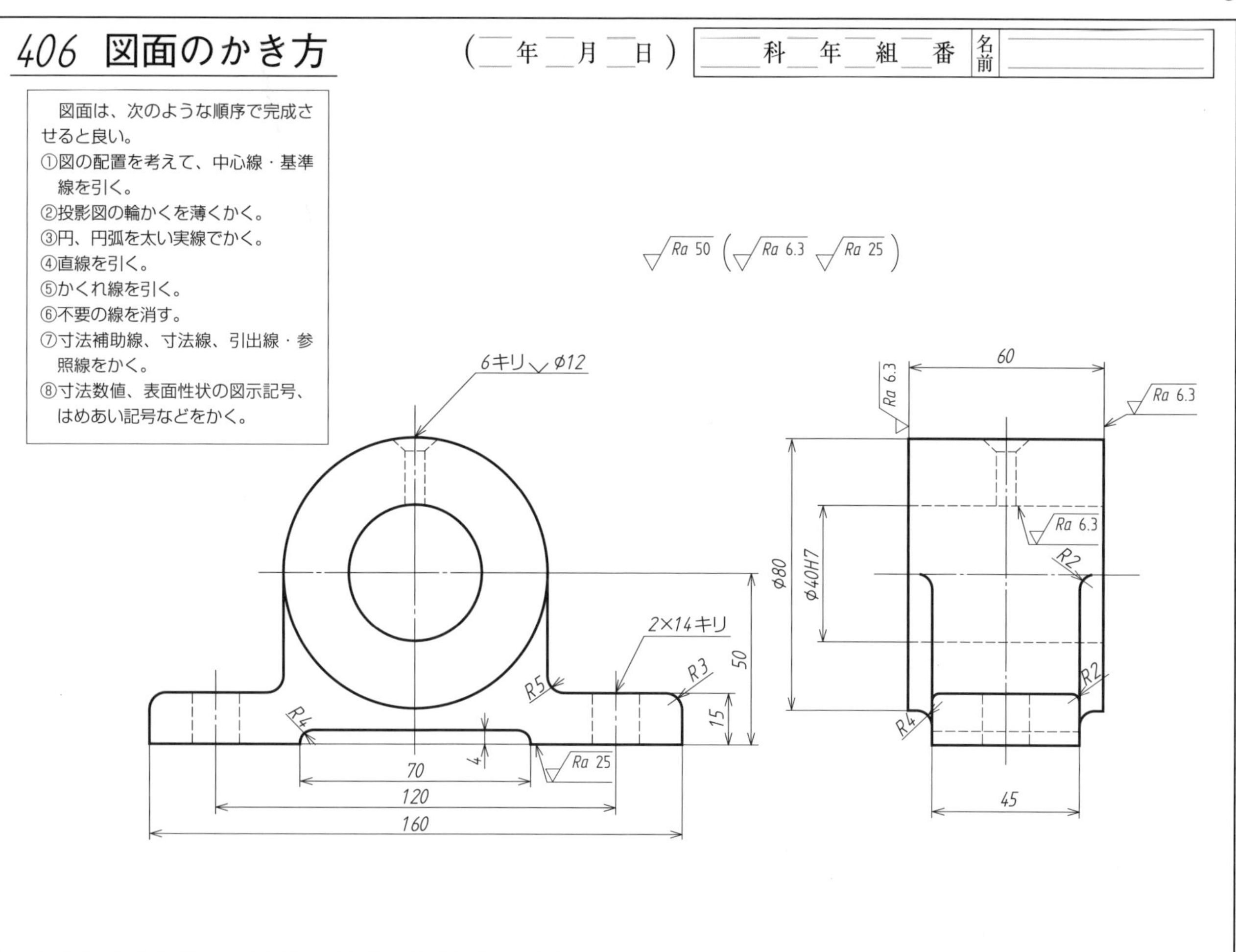

501 ねじ製図

（　年　月　日）　　科　年　組　番　名前

太い線と細い線を区別して下の図を仕上げなさい。

P.22解説を参照して，次に示したボルト・ナットをかきなさい。
（六角ボルトM20×60丸先および六角ナットM20）

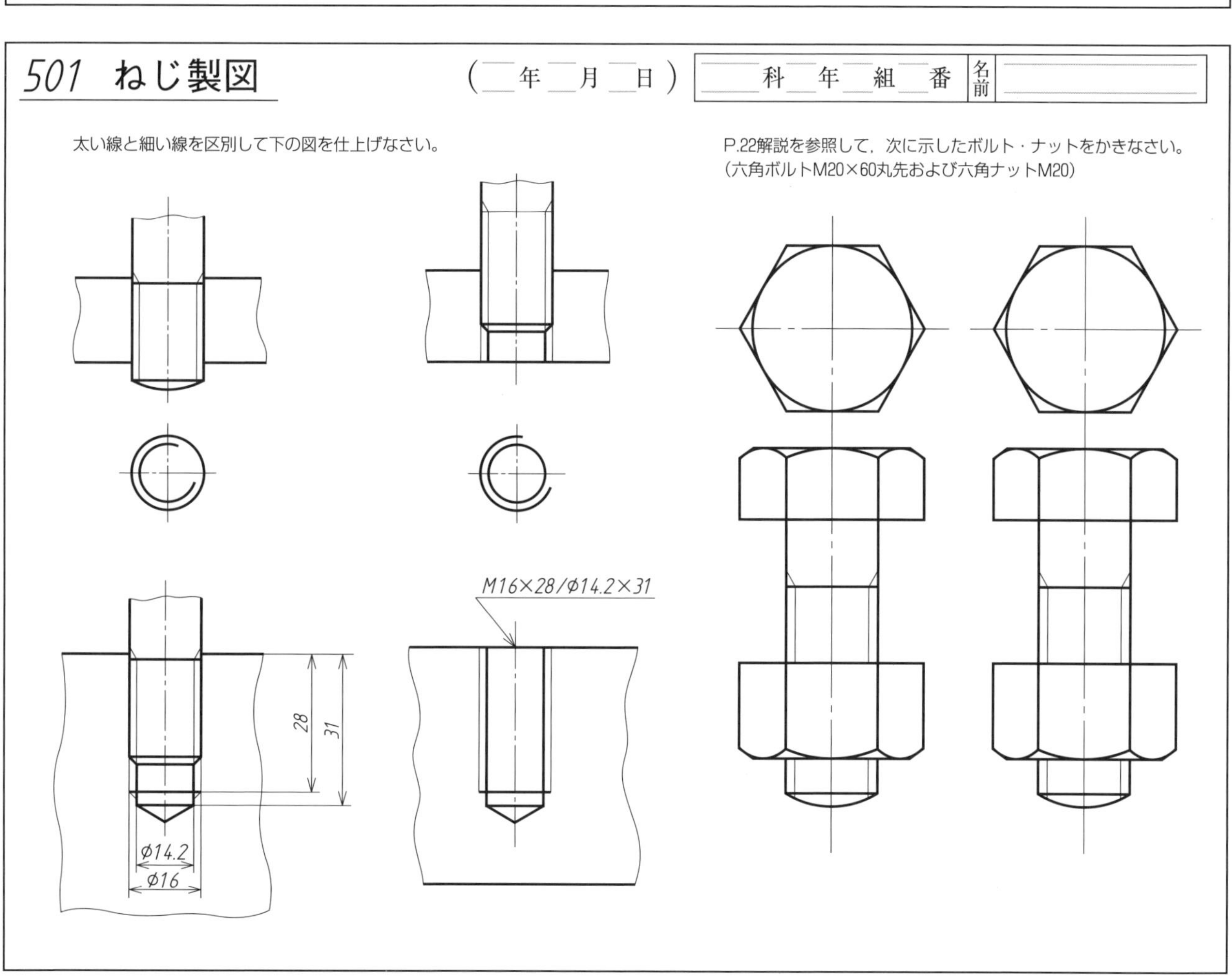